# Eignung autostereoskopischer Displays im Fahrzeugkontext

André Dettmann

# Eignung autostereoskopischer Displays im Fahrzeugkontext

Betrachtungen zur Ergonomie und Wahrnehmungsleistung

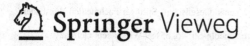

André Dettmann
Chemnitz, Deutschland

Diese Arbeit hat der Fakultät für Maschinenbau der Technischen Universität Chemnitz 2019 als Dissertation vorgelegen.

ISBN 978-3-658-32976-1          ISBN 978-3-658-32977-8   (eBook)
https://doi.org/10.1007/978-3-658-32977-8

Die Deutsche Nationalbibliothek verzeichnet diese Publikation in der Deutschen Nationalbibliografie; detaillierte bibliografische Daten sind im Internet über http://dnb.d-nb.de abrufbar.

Planung/Lektorat: Carina Reibold
Springer Vieweg ist ein Imprint der eingetragenen Gesellschaft Springer Fachmedien Wiesbaden GmbH und ist ein Teil von Springer Nature.
Die Anschrift der Gesellschaft ist: Abraham-Lincoln-Str. 46, 65189 Wiesbaden, Germany

# Geleitwort

Fahrerassistenz- und Informationssysteme (FAS/FIS) sind über die letzten Jahr(zehnt)e ein integraler Bestandteil der Verkehrssicherheit geworden, indem sie FahrerInnen zunehmend aktiv z. B. bei der Spurhaltung unterstützen. Während die Systeme helfen, die Vielzahl verkehrsrelevanter Informationen aus der Fahrzeugumwelt und dem -innenraum aufzunehmen und zu verarbeiten, wirken insbesondere die dabei wahrgenommenen visuellen Reize auch beanspruchend.

Technologisch bieten autostereoskopische Monitore eine Möglichkeit, FahrerInnen eine dreidimensionale Informationsstrukturierung und -präsentation ohne weitere Hilfsmittel (wie z. B. die aus der Unterhaltungsindustrie bekannten Brillen) anzubieten. Noch ist allerdings nicht bekannt, ob diese Darstellungsform für den Nutzer ergonomisch und bezüglich der Wahrnehmungsleistung besser zu bewerten ist als herkömmliche zweidimensionale Darstellungen.

André Dettmann hat den Fahrzeugkontext als Anwendungsfall gewählt, um mit seiner Dissertationsschrift Erkenntnisse zur Eignung autostereoskopischer Monitore zu erarbeiten.

Es gelingt ihm mit zwei Laborstudien und einer Studie im Fahrsimulator zu zeigen, dass der größte Nutzen der autostereoskopischen Darstellung zu erwarten ist, wenn die Aufgabe besonders schwierig ist. Er kann außerdem Parameter für die Darstellung angeben, indem er eine Querdisparität der beiden Ebenen von 0,155 Grad empirisch identifiziert. Schließlich kann er zeigen, dass autostereoskopische Monitore die Wahrnehmungsleistung erhöhen, ohne negative Effekte auf das Blickverhalten und die Qualität der Fahraufgabe zu zeitigen. Dies bedeutet, dass selbst minimale Tiefeninformationen in kurzen Betrachtungszeiträumen wahrgenommen werden können, ohne zusätzliche Belastung auszulösen. Auch bewerteten die Probanden den in den Studien eingesetzte, schlicht gestalteten autostereoskopischen Monitor bereits als originell und stimulierend.

Die in der Dissertation erarbeiteten Ergebnisse können eine Referenz für die Gestaltung dreidimensionaler Anzeigen vor allem, aber nicht nur in Fahrzeugen bilden. Für die Wissenschaft besteht im Anwendungsfall Fahrzeugkontext ein hoher Forschungsbedarf im Bereich der gebrauchstauglichen Gestaltung von Mensch-Maschine-Schnittstellen, die auf stereoskopischen Anzeigen basieren.

Während die Dissertation auf das Feld der der FAS/FIS zugeschnitten ist, bieten die erarbeitete Erkenntnisse Potential für die Gestaltung anderer, auf autostereoskopischen Anzeigen basierenden, Mensch-Maschine-Schnittstellen.

Ich wünsche André Dettmann daher zahlreiche interessierte Leserinnen und Leser aus Wirtschaft und Wissenschaft – und noch viele mehr ergonomisch beeinträchtigungsfreie Mensch-Maschine-Schnittstellen mit autostereoskopischen Monitoren, die auf Grundlage seiner Arbeit gestaltet werden!

Chemnitz                                             Angelika C. Bullinger-Hoffmann
im August 2019

# Danksagung

*„Im Zweifel für den Zweifel"*

von Lowtzow, Müller & Zank, 2010

Diese Dissertation wurde im Rahmen des Graduiertenkolleg der Forschungs-allianz 3D-Sensation finanziell durch das Bundesministerium für Bildung und Forschung im Programm „Zwanzig20 – Partnerschaft für Innovation" gefördert. Vielen Dank!

An dieser Stelle möchte ich mich bei all jenen Bedanken, die mir die Mög-lichkeit zur Erstellung dieser Arbeit gegeben und zum Gelingen beigetragen haben.

Mein besonderer Dank gilt zuallererst meiner Doktormutter Frau Prof. Dr. Angelika Bullinger-Hoffmann, die mich stets mit gutem Ratschlag, Inspiration und Motivation bei der Bearbeitung meiner Dissertation unterstützt hat. Sie haben mich stets ermutigt diesen Weg zu gehen und mich kritisch mit dem Thema der Arbeit auseinanderzusetzen. Vielen herzlichen Dank!

Weiterhin möchte ich mich bei Frau Prof. Dr. Heidi Krömker für die Über-nahme der Zweitbetreuung bedanken. Die ausführlichen Gespräche und intensiven Diskussionen in Ilmenau waren stets eine Bereicherung.

Ein besonderer Dank gilt all meinen Kollegen und Freunden an der Profes-sur Arbeitswissenschaft und Innovationsmanagement für den wissenschaftlichen Rat und den Austausch in vielen hilfreichen Diskussionen. Insbesondere möchte ich mich bei Dr. Katharina Renate Simon, Dorothea Langer, Patrick Roßner und Thomas Seeling bedanken. Ihr habt mich immer unterstützt, mitgedacht und dabei

geholfen den Kopf oben zu halten. All dies gilt auch für Max Bernhagen, Anne-
gret Melzer und über die Grenzen der Professur hinaus auch für Dr. Franziska
Hartwich. Danke!

Was wäre eine Dissertation ohne die Unterstützung meiner Studenten. Mein
besonderer Dank gilt an dieser Stelle Konstantin Felbel, Marty Friedrich sowie
Marlen Ettert und Hannes Duve für die Vorbereitungen der Studien und die Unterstützung bei der Auswertung. Lieber Lektor Sebastian ‚esszett‘ Scholz: Danke
für das Lesen, Korrigieren und all die netten Spitzfindigkeiten und amüsanten
Einblicke in die deutsche Sprache.

Mein größter Dank gilt meiner Freundin Melinda Hartwig für ihre unglaubli-
che Unterstützung und ihr Verständnis während der Anfertigung dieser Doktorar-
beit. Jetzt bin ich wieder da! Und danke an die Bande da draußen: Allen Freunden
des Dienstags und im ganz Speziellen Kathi, Toni, Robert, Tom, Thomas und
Marc für die musikalischen Ablenkungen und Ausflüge. Dankefein!

Zum Schluss gilt mein Dank meinen Eltern Rita und Waldemar, die mich
immer auf meinem Weg begleitet haben. Vielen Dank für alles!

# Bibliografische Angaben

André Dettmann

Thema der Dissertation:

## Eignung autostereoskopischer Displays im Fahrzeugkontext unter Einbeziehung von Ergonomie und Wahrnehmungsleistung

Dissertation an der Fakultät für Maschinenbau der Technischen Universität Chemnitz,
    Institut für Betriebswissenschaften und Fabriksysteme, Professur Arbeitswissenschaft und Innovationsmanagement

# Kurzreferat

Stereoskopische Anzeigen bieten einem Nutzer die Möglichkeit, dreidimensionale Inhalte wahrzunehmen. Sogenannte autostereoskopische Monitore ermöglichen diese dreidimensionale Informationspräsentation ohne weitere Hilfsmittel und sind somit als Anzeigesystem im Fahrzeug grundlegend geeignet. Für den Fahrer ergeben sich dabei Vorteile im Vergleich zu herkömmlichen Anzeigen: Daten, die auf voneinander abgesetzten virtuellen Ebenen angezeigt werden, können besser voneinander unterschieden werden und helfen spezifische Informationen schneller zu finden, zu identifizieren und zu klassifizieren. Dies ist nach McIntire, Havig und Geiselman (2014) insbesondere dann von Vorteil, wenn schwierige oder komplexe Aufgaben durchgeführt werden. Dieser Ansatzpunkt der Fahrerunterstützung durch autostereoskopische Monitore bildet somit das thematische Feld der vorliegenden Abhandlung. Die Kernthese lautet wie folgt: Autostereoskopische Monitore können den Fahrer in der Informationsaufnahme unter Berücksichtigung ergonomischer Beeinträchtigungsfreiheit besser unterstützen als konventionelle zweidimensionale Anzeigen. Die ergonomische Beeinträchtigungsfreiheit als kurzdauernde Belastungswirkung (Schmidtke, 1993, S. 604) ist eine Kernanforderung an Anzeigen im Fahrzeug und liegt daher im besonderen Fokus der Arbeit.

Der Beitrag der Arbeit zum Bereich der allgemeinen Mensch-Maschine-Interaktion mit stereoskopischen Anzeigen sind konkrete Gestaltungsparameter, die eine beeinträchtigungsfreie und hohe visuelle Wahrnehmungsleistung unter Berücksichtigung einer Minimierung des Akkommodation-Konvergenz-Konflikts ermöglichen. Dies wurde für die grundlegenden Darstellungsarten „gestuft" und „stufenlos" von autostereoskopischen Monitoren untersucht. Um zwei virtuelle Objekte in einer stufenlosen Darstellung sicher unterscheiden zu können, müssen diese mit einer Querdisparität von 0,61 Grad zueinander angeordnet werden.

Für die gestufte Darstellung konnte gezeigt werden, dass zwei Ebenen, auf denen die Informationen angezeigt werden sollen, mit einer Querdisparität von 0,155 Grad zueinander gestaltet werden müssen, um einem Anwender ein effizientes Unterscheidungsmerkmal zu geben.

Hinsichtlich der Fahrer-Fahrzeug-Interaktion wurde der Nachweis erbracht, dass autostereoskopische Monitore als Mensch-Maschine-Schnittstellen in Fahrerassistenz- und Informationssystemen generell geeignet sind und im Vergleich zu zweidimensionalen Anzeigen einem Autofahrer eine höhere visuelle Wahrnehmungsleistung ermöglichen. Weiterhin konnte gezeigt werden, dass auf Basis einer festgelegten ergonomischen Komfortzone in keiner der Studien eine negative Auswirkung hinsichtlich visuellem Diskomfort und Ermüdung auftritt, was die grundlegende Eignung im Fahrer-Fahrzeug-Kontext sicherstellt. Um dies zu überprüfen wurde der Wert der Querdisparität von gestuften Darstellungen in einem anwendungsnahen Szenario auf Basis einer Fahrsimulatorstudie angewendet. Dieser Wert zeigte sich in Bezug auf die ergonomische Beeinträchtigungsfreiheit und einer hohen Wahrnehmungsleistung als geeignet. Die Unterstützung durch autostereoskopische Monitore kann durch eine Steigerung der visuellen Wahrnehmungsleistung beschrieben werden. Für das Blickverhalten als auch die Qualität der Fahraufgabe zeigten sich keine Nachteile.

## Schlagworte

Fahrer-Fahrzeug-Interaktion, Autostereoskopische Monitore, Stereoskopie, Fahrerassistenzsysteme, Fahrerinformationssysteme, Dreidimensional, 3D, Ergonomie, visuelle Wahrnehmungsleistung, Querdisparität

# Inhaltsverzeichnis

# Abkürzungsverzeichnis

| Abkürzung | Bezeichnung |
|---|---|
| AAM | Alliance of Automobile Manufacturers |
| ADAS | Advanced Driver Assistance System |
| BASt | Bundesanstalt für Straßenwesen |
| bspw. | Beispielsweise |
| BSSS | Brief-Sensation-Seeking-Skala |
| etc. | et cetera |
| ESP | Elektronisches Stabilitätsprogramm |
| FAS | Fahrerassistenzsystem |
| FIS | Fahrerinformationssystem |
| IVIS | In-Vehicle Information System |
| LCT | Lane Change Task |
| NDS | Naturalistic Driving Study |
| MMS | Mensch-Maschine-Schnittstelle |
| NEI-VFQ 25 | National Eye Institute - Visual Function Questionnaire 25 |
| NHTSA | National Highway Traffic Safety Association |
| SMI | SensoMotoric Instruments |
| TCI-Modell | Task-Capability-Interface-Modell |
| TEORT | Total Eye Off Road Time - Maßeinheit [s] |
| TICS | Transport Information and Control System |
| u. a. | unter anderem |
| USA | Engl. für Vereinigte Staaten von Amerika |
| UX | User Experience |
| VFQ | Visual Fatigue Questionnaire |
| VFQ-k | Visual Fatigue Questionnaire - Kurzversion |
| vgl. | vergleiche |

VR          Virtual Reality
ZVT         Zahlen-Verbindungs-Test

## Einheitenverzeichnis

| Einheitenname (Symbol) | Physikalische Größe |
|---|---|
| Hertz (Hz) | Frequenz |
| Nanometer $\triangleq 10^{-9}$ Meter (nm) | Länge |
| Millimeter $\triangleq 10^{-3}$ Meter (mm) | Länge |
| Meter (m) | Länge |
| Millisekunden $\triangleq 10^{-3}$ Sekunden (ms) | Zeit, Zeitspanne |
| Kilometer pro Stunde (km/h) | Geschwindigkeit |
| Quadratmeter ($m^2$) | Flächeninhalt |

# Abbildungsverzeichnis

# Tabellenverzeichnis

# Einleitung 1

Fahrerassistenz- und Informationssysteme (FAS/FIS) sind ein integraler Bestandteil der Verkehrssicherheit. Im Verlauf des technischen Fortschritts wurde eine Vielzahl an Assistenzfunktionen entwickelt, die einen Fahrer[1] aktiv bei der Spurhaltung oder dem Ausführen eines automatischen Bremsmanövers unterstützen. Diese Systeme assistieren in komplexen Verkehrssituationen und tragen somit signifikant zur Unfallvermeidung bei (Bubb, Bengler, Grünen & Vollrath, 2015, S. 528). Der Bedarf an Fahrerassistenz resultiert aus den komplexen Anforderungen einer unfallfreien Ausübung der Fahraufgabe. Zu jedem Zeitpunkt muss ein Fahrer eine Vielzahl verkehrsrelevanter Informationen aus der Fahrzeugumwelt und dem Fahrzeuginnenraum aufnehmen und kognitiv verarbeiten.

Lansdown (1996, S. 5) erstellte in diesem Zusammenhang das Modell der visuellen Beanspruchung, das die mögliche Beeinflussung der Fahraufgabe, der Mensch-Maschine-Schnittstellen (MMS) im Fahrzeug sowie der Umwelteinflüsse auf die visuelle Wahrnehmungsleistung des Fahrers beschreibt. Übersteigen die zu erfassenden Informationen die Aufnahmekapazität des Fahrers, so ist es in komplexen Szenarien möglich diesen zu überfordern. Ursache der Überforderung sind die limitierten visuellen Wahrnehmungskapazitäten des Menschen. Ein möglicher Ansatz zur Reduzierung der visuellen Beanspruchung während der Fahraufgabe liegt in der Optimierung der MMS von FAS/FIS. Dem Leistungsbegriff der Ergonomie nach Schmidtke (1993, S. 112) folgend, muss es einem Fahrer ermöglicht werden, relevante Informationen mit weniger Fehlern schneller aufzunehmen.

---

[1] Diese Arbeit verzichtet auf geschlechtsspezifische Bezeichnungen für Personengruppen. Der Einfachheit halber wird die maskuline Form verwendet. Wenn nicht anders angegeben, sind weibliche Personen stets mit eingeschlossen.

Folglich muss das Ziel innovativer MMS die Steigerung der visuellen Wahrnehmungsleistung von Fahrern sein, damit diese die freiwerdenden Kapazitäten für
die Fahraufgabe aufwenden können.

Technisch bietet eine neue Generation von Anzeigen die Möglichkeit einer
Betrachtung von dreidimensionalen Inhalten ohne Hilfsmittel (Grimm, Herold,
Reiners & Cruz-Neira, 2013, S. 132). Diese sogenannten autostereoskopischen
Monitore ermöglichen durch die spezifische Art der Informationspräsentation eine
dreidimensionale Strukturierung von Informationen auf einer Benutzeroberfläche.
Dreidimensional abgesetzte Bildschirm-elemente auf unterschiedlichen virtuellen Ebenen sind auffälliger und heben sich voneinander ab, was zum Beispiel
das Auffinden von relevanten Informationen erleichtern kann. Das ist insbesondere dann von Vorteil, wenn komplexe oder zeitkritische Situationen durchfahren
werden und ein Fahrer die im Fahrzeug verbauten MMS schnell und fehlerfrei
erfassen muss (Gasser, Seeck & Smith, 2015, S. 32).

Dabei ist es wesentlich, dass neuartige FAS/FIS den Fahrer nicht ablenken, nicht überbeanspruchen oder stören (Winner, Hakuli, Lotz & Singer,
2015, S. 629), da sonst das mögliche Potenzial einer optimierten MMS negiert
werden kann. Eine Fahrerassistenzentwicklung muss die ergonomische Beeinträchtigungsfreiheit stets sicherstellen. Für die vorliegende Arbeit im Praxisfeld
der Fahrer-Fahrzeug-Interaktion sollen daher die Parameter der visuellen Wahrnehmungsleistung und der ergonomischen Beeinträchtigungsfreiheit in Relation
zueinander gesetzt werden sowie den Fokus des empirischen Vorgehens der Arbeit
bilden. Aus den Ergebnissen können somit Aussagen zur Eignung autostereoskopischer Displays im Fahrzeugkontext unter Einbeziehung von Ergonomie und
Wahrnehmungsleistung getroffen werden.

## 1.1    Motivation und Zielstellung

Die Motivation für den Einsatz autostereoskopischer Monitore in Fahrzeugen
liegt im Potenzial dreidimensionaler Anzeigen, die Aufgabenanforderungen an
das Ablesen der MMS im Verlauf der Fahraufgabe herabzusetzen. Nutzer können spezifische Informationen schneller finden, identifizieren und klassifizieren
(McIntire et al., 2014, S. 21). Tory und Möller (2004, S. 72) bezeichnen diese
Art der visuellen Assistenz als kognitive Unterstützung. Dadurch ist es möglich
nicht nur die MMS einzelner Systeme, sondern zusätzlich die gesamte Informationsaufnahme im Fahrzeuginnenraum zu optimieren. Die Notwendigkeit für
entsprechende Systeme resultiert aus der immer größeren Auswahl an FAS/FIS,
wovon jedes einzelne davon in der Lage ist, den Fahrer durch Bedienung oder

Betrachtung visuell zu belasten und abzulenken (NHTSA, 2010a, S. 6). Werden demzufolge weitere Assistenzsysteme in das Fahrzeug integriert, so wird das Problem der visuellen Belastung weiter verschärft (Mattes & Hallén, 2009, S. 107; Regan, Hallett & Gordon, 2011, S. 1771). Dem können autostereoskopische Monitore aktiv entgegenwirken.

Jedoch gibt die Literatur Hinweise darauf, dass die Anwendung stereoskopischer Anzeigen zu erhöhter visueller Ermüdung und Diskomfort führen kann (Lambooij, Ijsselsteijn, Fortuin & Heynderickx, 2009, S. 1). Eine der Hauptursachen für visuelle Ermüdung und Diskomfort in Kombination mit stereoskopischen Anzeigen ist der sogenannte Akkommodations-Konvergenz-Konflikt. Um diesen weitestgehend zu minimieren, muss die wahrnehmbare Tiefe innerhalb einer ergonomisch beeinträchtigungsfreien Komfortzone gestaltet werden, was jedoch das Erleben der wahrnehmbaren Tiefe einschränkt (Shibata, Kim, Hoffman & Banks, 2011, S. 21).

In diesem Rahmen existiert über das Anwendungsfeld der Fahrer-Fahrzeug-Interaktion hinaus die Forschungslücke, in welchem Umfang die wahrnehmbare Tiefe minimiert werden kann, ohne die Vorteile von stereoskopischen Darstellungen zu negieren. Hier zeigt sich ein wesentlicher Forschungsbedarf hinsichtlich der Untersuchung von unterschiedlich präsentierten Tiefen und den direkten Effekten auf die quantitative und qualitative visuelle Wahrnehmungsleistung von Anwendern (Ntuen, Goings, Reddin & Holmes, 2009, S. 395). Wesentlich ist also die Bestimmung von Parametern der stereoskopischen Tiefe in den Darstellungsarten „gestuft" und „stufenlos", die sowohl die ergonomische Beeinträchtigungsfreiheit als auch eine hohe visuelle Wahrnehmungs-leistung ermöglichen. Im weiteren Verlauf ist es erforderlich, die Art der Unterstützungs-ausprägung durch stereoskopische Anzeigen sowie deren Auswirkung auf die Qualität der Fahraufgabe und des allgemeinen Blickverhaltens eines Fahrers zu untersuchen, um die Eignung in der Fahrer-Fahrzeug-Interaktion sicherzustellen. Zusammengefasst gilt es im Verlauf der Arbeit die folgenden Forschungsfragen zu beantworten:

F1:   *Wie müssen die Parameter stereoskopischer Tiefe für Benutzeroberflächen gestaltet sein, um eine hohe visuelle Wahrnehmungsleistung unter Berücksichtigung der ergonomischen Beeinträchtigungsfreiheit zu erzielen?*

F2:   *Existieren grundlegende Unterschiede hinsichtlich einer hohen visuellen Wahrnehmungsleistung zwischen gestuften und stufenlosen Darstellungen in Bezug auf die Parameter der stereoskopischen Tiefe?*

*F3:     Welche Aussagen können hinsichtlich der Ausprägung der Unterstützung*
*durch autostereoskopische Monitore in FAS/FIS-Anwendungen getroffen*
*werden?*

Das übergeordnete Forschungsziel der Arbeit adressiert somit die grundlegenden
Anforderungen an eine ergonomische Gestaltung der präsentierten Inhalte sowie
an die Effektivität und Effizienz von autostereoskopischen Monitoren im Fahrzeug. Dazu gilt es, diese Forschungsfragen an die grundlegenden Kriterien der
Fahrer-Fahrzeug-Interaktion und der Produktergonomie anzulehnen und in einem
ganzheitlichen Forschungsdesign abzubilden (vgl. DIN EN ISO 26800:2011,
S. 11). Gelingt dies, so kann einem Fahrer eine weitestgehend fehler- und
beeinträchtigungsfreie Wahrnehmung bei der Betrachtung autostereoskopischer
MMS im Fahrzeug ermöglicht werden. Im Folgenden soll der Aufbau der Arbeit
beschrieben werden.

## 1.2    Aufbau der Arbeit

Beginnend mit dem Stand der Wissenschaft und Technik werden in Abschnitt
2.1 die Grundlagen der Wahrnehmung in der Fahrer-Fahrzeug-Interaktion erläutert. Es wird dazu die Notwendigkeit zur Entwicklung von Fahrerassistenz-
und Informationssystemen auf Basis der menschlichen Wahrnehmung und empirisch analysierter Unfallursachen erörtert. Den Abschluss des Kapitels bilden die
Anforderungen an moderne Fahrerassistenzentwicklungen.

Das Abschnitt 2.2 erläutert die grundlegenden Funktionsweisen stereoskopischer Anzeigen sowie die möglichen Einsatzszenarien. Dabei werden sowohl
die Vorteile entsprechender Darstellungen in der allgemeinen Mensch-Maschine-
Interaktion als auch die speziellen ergonomischen Anforderungen an stereoskopische Anzeigen diskutiert. Abschließend werden autostereoskopische Monitore
im spezifischen Anwendungsfeld der Fahrer-Fahrzeug-Interaktion als Lösungsansatz erörtert. Abschnitt 2.3 gibt ein kurzes Fazit zum Stand der Wissenschaft und
Technik.

Das Kapitel 3 stellt das allgemeine Forschungsdesign der Arbeit vor und
beinhaltet die dazugehörige methodische Vorbetrachtung. Anschließend erfolgt
die Berichterstattung der durchgeführten Studien. Zu jeder Studie erfolgt eine
detaillierte Beschreibung des Versuchsziels, der Gestaltung sowie des Ablaufs
inklusive einer Schilderung der verwendeten Materialien. Jede Studie beinhaltet
ausführliche Ergebnisberichte sowie eine detaillierte Diskussion der Einzelergeb-
nisse. Abschließend erfolgt in Kapitel 4 die Zusammenfassung und der Ausblick.
Abbildung 1.1 gibt einen Überblick zum Aufbau der Arbeit.

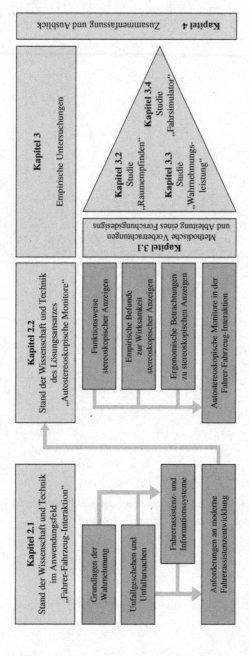

**Abbildung 1.1**  Aufbau der Arbeit
Quelle: eigene Darstellung

# Stand der Wissenschaft und Technik

**2**

Das folgende Kapitel beschreibt den Stand der Wissenschaft und Technik für die Grundlagen der Fahrer-Fahrzeug-Interaktion und dem Lösungsansatz „autostereoskopische Monitore im Fahrzeug". Wesentlich für das erste Kapitel ist das Bilden eines Verständnisses für die menschliche Wahrnehmung in der Fahrer-Fahrzeug-Interaktion, der Unfallforschung und der daraus resultierenden Notwendigkeit zur Entwicklung von Fahrerassistenzsystemen. Folgend wird das Themenfeld der stereoskopischen Anzeigen als Lösungsansatz der Arbeit vorgestellt. Dazu werden die Funktionsweise sowie die empirischen Befunde in der allgemeinen Mensch-Maschine-Interaktion erörtert. Abschließend werden die Erkenntnisse in das Anwendungsfeld der Fahrer-Fahrzeug-Interaktion übertragen. Abbildung 2.1 gibt einen Überblick über die Einordnung von Kapitel 2 in den Aufbau der Arbeit.

## 2.1 Die menschliche Wahrnehmung in der Fahrer-Fahrzeug-Interaktion

Das Fahren eines Fahrzeuges kann aus der Sicht der Systemergonomie mit dem allgemeinen Modell der Mensch-Maschine-Interaktion mit den Grundkomponenten Mensch, Maschine und Umwelt nach Bubb und Schmidtke (1993, S. 306) beschrieben werden. Entsprechend des Strukturmodelles der Fahrer-Fahrzeug-Interaktion nach Jentsch und Bullinger (2012, S. 198) in Abbildung 2.2 wird der Mensch zum Fahrer eines Kraftfahrzeuges, der Eindrücke aus der Umwelt

**Elektronisches Zusatzmaterial** Die elektronische Version dieses Kapitels enthält Zusatzmaterial, das berechtigten Benutzern zur Verfügung steht
https://doi.org/10.1007/978-3-658-32977-8_2.

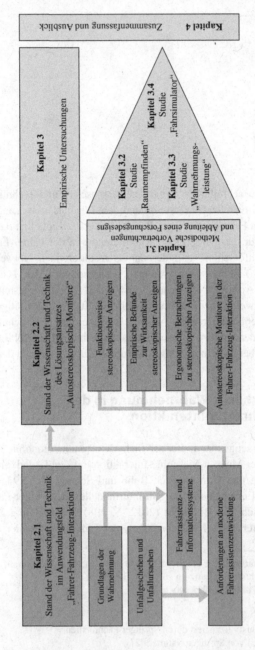

**Abbildung 2.1** Einordnung von Kapitel 2 in den Aufbau der Arbeit
Quelle: eigene Darstellung

aufnimmt, interpretiert und in Fahrbewegungen umsetzt. Auf das System Fahrer-Fahrzeug wirken dabei kontinuierlich Umwelteinflüsse aus der Umgebung und dem Innenraum des Fahrzeuges. Die zu erfüllende Aufgabe ist in diesem Kontext die Fahraufgabe, deren Anforderung an den Menschen darin besteht, „jede Berührung mit stehenden oder sich bewegenden Objekten im Verkehrsraum zu vermeiden" (Bubb, 2003, S. 27) und das Fahrzeug sicher durch den Verkehrsraum zu steuern (Shinar, 2007, S. 55).

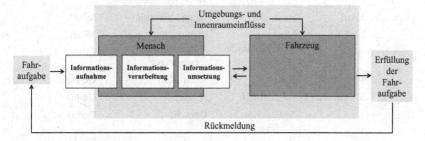

**Abbildung 2.2** Vereinfachtes Strukturmodell der Fahrer-Fahrzeug-Interaktion
Quelle: nach Jentsch & Bullinger, 2012, S. 198

Zur fehlerfreien Erfüllung der Fahraufgabe ist es daher notwendig, dass ein Fahrer permanent Informationen aufnimmt, diese verarbeitet und umsetzt (Bubb et al., 2015, S. 68). Tabelle 2.1 gibt zunächst einen Überblick über alle sensorischen Modalitäten der menschlichen Informationsaufnahme sowie deren Bedeutung für die Fahraufgabe. Den Sinnesmodalitäten Sehen (visuell), Hören (auditiv), Gleichgewicht (vestibulär) und dem Fühlen (Haptik) kommt eine besondere Bedeutung für die Fahraufgabe zu. Dabei besitzt das Sehen zur Aufnahme von handlungsrelevanten Informationen die größte Bedeutung für die Fahraufgabe (Cole, 1972, S. 102; vgl. Hills, 1980, S. 183; Sivak, 1996, S. 1081 ff.)[1] Es können Informationen, wie der Abstand zu vorausfahrenden Fahrzeugen oder die eigene Spurposition aus der Umgebung extrahiert und weiterverarbeitet werden (Zöller, 2015, S. 48 f.) Die visuelle Informationsaufnahme als Teil der menschlichen Wahrnehmung soll daher in den nächsten Kapiteln vertieft und in Relation zur Fahrer-Fahrzeug-Interaktion gesetzt werden.

---

[1]Sivak (1996, S. 1081 ff.) geht dabei auf die in wissenschaftlichen Schriften weitverbreitete Angabe ein, dass im Fahren 90 % der Informationsaufnahme über das visuelle System erfolgen. Er zeigt dabei die fehlende empirische Evidenz für diese präzise Angabe auf.

**Tabelle 2.1**   Sensorische Modalitäten der menschlichen Informationsaufnahme
Quelle: nach Zöller (2015, S. 47)

| Modalität | | Sinnesorgan | Empfindung | Bedeutung für die Fahrzeugführung |
|---|---|---|---|---|
| Visuell | | Auge | Farbe, Helligkeit | Hoch |
| Auditiv | | Innenohr | Tonhöhe, Lautstärke | Mittel |
| Vestibulär | | Vestibularapparat | Lineare und Winkelbeschleunigung | Mittel |
| Haptisch | Taktil | Haut | Druck, Vibration | Mittel |
| | Kinästhetisch | Muskeln, Gelenke, Bänder | Stellung der Körperteile, Bewegungen | Mittel |
| | Thermisch | Haut | Warm-Kalt | Gering |
| | Schmerzen | Unspezifisch | Schmerz | Gering |
| Olfaktorisch | | Schleimhaut in der Nase | Geruch | Gering |
| Gustatorisch | | Zungenoberfläche | Geschmack | Gering |

## 2.1.1   Grundlagen der Wahrnehmung

Die menschliche Wahrnehmung basiert auf einem Prozess, der alle bewussten und unbewussten sensorischen sowie kognitiven Prozesse zur Bereitstellung handlungsrelevanter Parameter abseits der bloßen Erkennung einer physikalischen Umwelt beinhaltet (Hagendorf, Krummenacher, Müller & Schubert, 2011, S. 15). Die Wahrnehmung ist dabei funktional von den kognitiven Teilsystemen Denken oder Gedächtnis getrennt (Hagendorf et al., 2011, S. 5). Der von Goldstein (2015, S. 4) definierte Wahrnehmungsprozess ist in acht Teilschritteschritte unterteilt. Dieser in Abbildung 2.3 dargestellte Prozess basiert auf den von Bubb et al. (2015) definierten Schritten der „Informationsaufnahme", „Informationsverarbeitung" und „Informations-umsetzung" eines Fahrers. Der Prozess wird als Kreislauf dargestellt, da der Wahrnehmungsprozess unter ständig wechselnden Umweltbedingungen dynamisch erfolgt und permanent wiederholt wird. Dabei ist zu beachten, dass die im Wahrnehmungsprozess beschriebenen Schritte stets voneinander abhängig sind und sich einander beeinflussen. Durch sich ändernde oder neue Reize, die auf den Menschen einwirken, ist es oft nicht möglich, einen eindeutigen und abgegrenzten Anfangs- und Endpunkt des Wahrnehmungsprozesses zu definieren oder eine scharfe Trennlinie zwischen den Prozessstufen zu finden (Goldstein, 2015, S. 7).

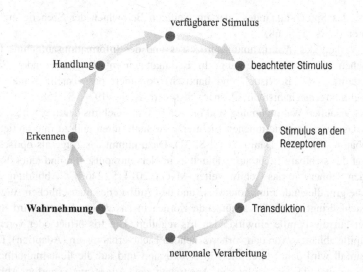

**Abbildung 2.3**  Der Wahrnehmungsprozess
Quelle: vereinfachte Darstellung des Wahrnehmungsprozess nach Goldstein (2015, S. 4)

Die Informationsaufnahme oder auch Sinnesempfindung beinhaltet die Stimulation eines Sinnesorgans. Aus allen möglichen verfügbaren Stimuli (Reizen) der Umwelt wird, je nachdem welcher Stimulus in das Zentrum der Aufmerksamkeit gerät ein beachteter Stimulus. Dieser beachtete Stimulus wird anschließend von den Sinnesorganen als physikalischer Reiz aufgenommen und in bioelektrische Signale (Transduktion) übersetzt (Hagendorf et al., 2011, S. 32).

In der Stufe der Informationsverarbeitung erfolgt zunächst die neuronale Verarbeitung der Signale im Gehirn und führt zur eigentlichen Wahrnehmung, also der bewussten sensorischen Erfahrung (Goldstein, 2015, S. 6). In diesem Prozessschritt werden alle sensorischen Informationen organisiert und interpretiert. Erst dieser Vorgang ermöglicht es, die Bedeutung von Objekten und Ereignissen zu erkennen (Myers, 2014, S. 234), diese einzuordnen und daraus eine beabsichtige Reaktion abzuleiten.

Innerhalb der Informationsumsetzung wird die eigentliche bewusste Handlung durchgeführt und ist das Ergebnis des Wahrnehmungsprozesses. Handlung wird definiert als Verhalten, dem ein bewusstes Ziel zugrunde liegt, unabhängig von einem absichtlichen Tun oder Unterlassen (Städtler, 1998, S. 429). Die Handlung kann in einer motorischen Reaktion wie dem Bewegen der Gliedmaßen, des

Kopfes, des Sprech-apparates oder im weiteren Betrachten der Szenerie enden (Bubb et al., 2015, S. 68).

Im Verlauf des Wahrnehmungsprozesses und der Informationsaufnahme hat das Sehen die größte Bedeutung. In Bedingungen mit konkurrierenden Sinnesmodalitäten (z. B. visuell und haptisch) dominiert der visuelle Kanal die Wahrnehmungsmechanismen (Posner, Nissen & Klein, 1976, S. 158). Im Verlauf der visuellen Wahrnehmung sind bis zu 50 % des Gehirns daran beteiligt, die durch das Auge aufgenommenen Lichtreize zu analysieren und zu interpretieren (Bellebaum, Thoma & Daum, 2012, S. 31). Dazu nimmt das Auge als optischer Apparat das sichtbare Licht auf, wandelt es in Nervenimpulse um und leitet diese über den Sehnerv an das Gehirn weiter (Myers, 2014, S. 246 ff.). Abbildung 2.4 zeigt die grundlegende Funktionsweise und den Aufbau des menschlichen Auges. Das Licht dringt durch die schützende Kornea in das Auge ein und wird mittels der auf die Pupille einwirkenden Iris reguliert. Die Iris öffnet oder verengt die Pupille abhängig von den vorherrschenden Lichtverhältnissen (Adaption). Der Lichteinfall wird dann durch die Linse fokussiert und auf die lichtempfindliche Retina geleitet. Dabei erfolgt die Anpassung des Auges zur scharfen Abbildung eines Objektes auf der Netzhaut (Akkommodation). Abschließend erfolgt die Fixation (Ausrichtung der Augen). Das Bild des fixierten Zieles fällt auf die Fovea, dem Bereich des schärfsten Sehens, wodurch Informationen aufgenommen werden können (Abendroth & Bruder, 2012, S. 5).

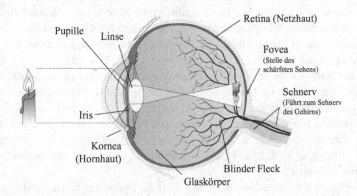

**Abbildung 2.4** Aufbau des menschlichen Auges
Quelle: Myers, 2014, S. 247

Für eine fehlerfreie Bewältigung der Fahraufgabe ist es notwendig, aus der Vielfalt der Reize bestimmte handlungsrelevante Informationen zu erhalten, die einen Fokus auf eine bestimmte Tätigkeit, wie die der Fahraufgabe, störungsfrei zulassen und gleichzeitig nicht relevante Informationen im Sinne der Aufgabe zu unterdrücken. Dabei ist zu beachten, dass es dem Menschen nicht möglich ist, beliebig viele Reize gleichzeitig aufzunehmen und zu verarbeiten (Hagendorf et al., 2011, 179 ff.). Das wahrnehmungspsychologische Konzept der Aufmerksamkeit zeigt dazu, dass das Bewusstsein auf bestimmte Objekte, Vorgänge, Handlungen oder auch Gedanken ausgerichtet werden muss. Dies kann beispielsweise bewusst und willkürlich durch Interessen gelenkt werden oder unwillkürlich durch Reize geschehen (Badke-Schaub, 2008, S. 64). Hagendorf et al. (2011, S. 8) definiert Aufmerksamkeit als einen Prozess, bei dem relevante Informationen für aktuelle Handlungen selektiert beziehungsweise irrelevante Informationen deselektiert werden – eine sogenannte „Selection For Action" (Allport, 1989, S. 648). Aufmerksamkeit wird also als eine handlungsvermittelnde Funktion verstanden (Müller, H. J., Krummenacher & Schubert, 2015, S. 5). Das Informationsverarbeitungssystem wird so justiert, dass ein angestrebtes Handlungsziel, wie zum Beispiel das Autofahren, möglichst effizient erreicht werden kann. Das bedeutet jedoch auch, dass nur eine Teilmenge der sensorischen Reize höheren Prozessen wie dem Denken und Handeln zugänglich gemacht wird. Dies wird im Speziellen als gerichtete oder selektive Aufmerksamkeit bezeichnet (Hagendorf et al., 2011, S. 179).

Dabei unterliegt die selektive Aufmerksamkeit kapazitativen Limitierungen, was in Folge einer Überlastung des Menschen durch zu viele gleichzeitig auftretende Reize zu Leistungseinbußen oder Fehlverhalten führen kann. Dies kommt insbesondere bei näherer Betrachtung der Fahraufgabe zum Tragen. Das Fahren eines Fahrzeuges ist ein hochkomplexer Prozess, bei dem vielfältige Informationen aus der Fahrzeugumwelt und der sich im Fahrzeug befindlichen Anzeigeelemente erkannt, kombiniert und interpretiert werden müssen. Hinzu kommen nicht selten weitere Nebentätigkeiten, wie das Bedienen von Komfortfunktionen oder die Kommunikation mit einem Beifahrer. Diese Handlungen werden als Doppel- oder auch multiple Aufgaben definiert (Hagendorf et al., 2011, S. 204), bei denen die Aufmerksamkeit zwischen zwei Handlungen gesplittet wird (Müller, H. J. et al., 2015, S. 132). Dies wird auch als geteilte Aufmerksamkeit verstanden (Goldstein, 2015, S. 132) und bezeichnet das schnelle Umschalten zwischen den verschiedenen (Aufgaben-)Kanälen (Hagendorf et al., 2011, S. 181).

Das schnelle Umschalten ist in hochkomplexen Situationen wie dem Autofahren oft zwingend notwendig, um die Aufgabe erfolgreich zu absolvieren (Wickens & Hollands, 2010, S. 86). Jedoch zeigt sich, dass sich in Labor- wie auch unter Realbedingungen sehr viele Doppeltätigkeiten durch eine zu hohe Arbeitsbelastung (im Englischen: Workload; siehe Wickens & Hollands, 2010, S. 459

ff.) gegenseitig beeinträchtigen. Oft ist es dabei unabhängig, ob diese Doppeltätigkeiten eine ähnliche sensorische Aufnahme oder die gleiche motorischer Handlungsumsetzung benötigen (Pashler, 1994, S. 220). Diese Beeinträchtigung resultiert in den erwähnten Leistungseinbußen, wie zum Beispiel ein erhöhter Zeitbedarf oder eine allgemein höhere Anfälligkeit für Fehler bei der parallelen Bearbeitung der Aufgaben (Pashler, 1994, S. 224 ff.; Hagendorf et al., 2011, S. 204).

Wie bereits dargestellt, basiert die Erklärung dieses Problems auf der Annahme limitierter mentaler Ressourcen, die für eine Aufgabe zur Verfügung stehen. Mentale Ressourcen oder Kapazitäten müssen also aufgewendet werden, um einem Objekt oder Handlungen Aufmerksamkeit zu schenken (Kahneman, 1973, S. 7 f.). Wickens entwickelte auf dieser Grundlage in mehreren Stufen die multiple Ressourcentheorie, um vorherzusagen wie gut zwei parallele Tätigkeiten ausführbar sind (Wickens & Hollands, 2010, S. 448 ff.). Das Modell von Kahneman wird dabei um drei dichotome Kapazitätsdimensionen erweitert, die im Verlauf der menschlichen Verarbeitungsstufen Wahrnehmung, Verarbeitung und Reaktion relevant sind: (a) die Wahrnehmungsmodalitäten, mit denen Informationen aufgenommen werden (auditiv/visuell), (b) die Art der Verarbeitung (räumlich, sprachlich) und (c) die Art der Reaktion (motorisch/sprachlich).

Daraus ergeben sich, wie in Abbildung 2.5 dargestellt, einzelne Zellen eines Würfels als Repräsentation jeder einzelnen Ressource, auf die unabhängig bei der Aufgabenbearbeitung zurückgegriffen werden kann. Jede dieser Ressource ist dabei begrenzt. Dieses Modell eignet sich trotz empirisch belegter Kritik (siehe Pashler, 1994, S. 220) gut für die Veranschaulichung konkreter Probleme bei der Ausführung von Doppeltätigkeiten in der Fahrer-Fahrzeug-Interaktion (Vollrath & Totzke, 2003, S. 2).

Ein konkreter Betrachtungsfall ist dabei das Steuern des Fahrzeuges durch eine komplexe Kreuzungssituation mit mehreren Verkehrsteilnehmern. So ist es in dieser Situation notwendig, nicht nur die vorausliegende Straße, sondern auch Verkehrszeichen, Querverkehr und weitere Verkehrsteilnehmer wie Fußgänger und Fahrradfahrer zu beobachten. Alle Beobachtungen (Aufgaben) verwenden dabei die gleichen visuellen Ressourcen, was eine mögliche Unterversorgung der einzelnen Prozesse provozieren kann. Dem Modell folgend kann dies zu einer Verschlechterung der Mehrfachaufgabenperformanz mit verlängerten Reaktionszeiten oder Fehlern in der Handlung führen, was im schlimmsten Fall zu Unfällen führt (Cavallo & Cohen, 2011, S.84). Um die praktische Relevanz der theoretisch abgebildeten Grundprinzipien der Wahrnehmung in der Fahrer-Fahrzeug-Interaktion aufzuzeigen, soll daher das Unfallgeschehen und dessen Ursachen im Fokus des folgenden Kapitels stehen.

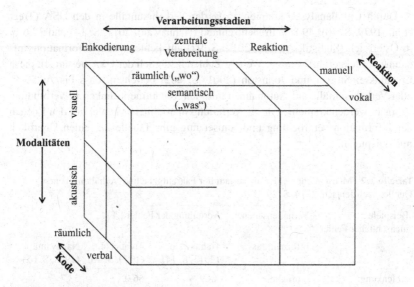

**Abbildung 2.5**  Modell multipler Ressourcen
Quelle: Wickens & Hollands, 2010, S. 449

## 2.1.2  Unfallgeschehen und Unfallursachen

Unfälle werden als plötzlich von außen her eintreffende Ereignisse definiert (BGH 4 StR 287/72). Im Jahr 2016 gab das statistische Bundesamt (Destatis, 2017, S. 44) die Anzahl der Verkehrsunfälle mit insgesamt 2.585.327 an. Die Anzahl der Unfälle mit Sachschäden betrug dabei 2.227.182 und mit Personenschäden 308.145, davon 3.206 Verkehrstote. Als Unfallursache bei Unfällen mit Personenschaden ist menschliches Fehlverhalten mit 88,1 % ausgewiesen[2] (Destatis, 2017, S. 49). Menschliches Fehlverhalten wird in Deutschland statistisch jedoch nur nach Fahrmanöverklassen erfasst. Hier wird zumeist auf das Nichtbeachten einer Regel oder eines anderen Verkehrsteilnehmers verwiesen. Ursache kann auch ein situationsunangepasstes Verhalten sein. Die Angaben enthalten jedoch keine Gründe der Nichtbeachtung oder des unangepassten Verhaltens (Destatis, 2017, S. 13).

---

[2]Weitere Unfallursachen nach statistischem Bundesamt: allgemeine Unfallursachen, wie Straßenglätte durch Regen bzw. Schnee oder Sichtbehinderung durch Nebel (7,7 %); Fehlverhalten von Fußgängern (3,4 %); Technische/Wartungsmängel (0,9 %)

Durch Unfallanalysen konnten 56 % der Verkehrsunfälle in den USA (Treat et al., 1979, S. 40); 49,8 % in Deutschland (Hannawald, 2013, S. 14) und 37,6 % in Österreich (Statistik Austria, 2017, S. 97) auf Fehler in der Informationsaufnahme zurückgeführt werden. Weitere Zahlen bezüglich der USA bestätigen diese Ergebnisse: Strayer und Johnston (2001, S. 462) berichten, dass bis zu 50 % aller Verkehrsunfälle auf Autobahnen mit Fahrerunaufmerksamkeit in Verbindung gebracht werden können[3]. Für die Verteilung menschlicher Fehler auf den Ebenen der Informationsverarbeitung und -umsetzung gibt Tabelle 2.2 einen Überblick mit Beispielen.

**Tabelle 2.2** Menschliche Fehler im Verlauf der Fahraufgabe und Verhaltensebenen Quelle: nach Jentsch, 2014, S. 29

| Beispiele menschlicher Fehler | Verhaltensebene | Verteilung der Fehler [%] | | |
|---|---|---|---|---|
| | Informations- | Hannawald (2013, S. 14) | Treat et al. (1979, S. 40) | Nagayama (1978, S. 65) |
| Ablenkung: relevantes nicht erkannt bzw. übersehen | -aufnahme | 48,9 | 56,0 | 53,7 |
| Fehlinterpretation von Situation/Verlauf | -verarbeitung | 33,1 | 52,1 | 37,2 |
| Unangepasstes Ausweichmanöver | -umsetzung | 8,3 | 11,2 | 2,0 |

Fehler im Verlauf der Informationsaufnahme und Ablenkung sind demzufolge eher gewöhnliche Ereignisse (NHTSA, 2010a, S. 7) und haben für das Sicherheitsverhalten eine hohe Relevanz (Hills, 1980, S. 210; Koornstra, 1993, S. 3; Cohen, 2017, S. 218). Dieses Verhalten wird durch die erläuterte hohe Abhängigkeit des Sehens für die Wahrnehmung handlungsrelevanter Informationen während der Fahraufgabe und den eingeschränkten Wahrnehmungskapazitäten des Menschen erklärt (Lee, J. D., 2008, S. 525; Cavallo & Cohen, 2011, S. 84). Der Bericht der Bundesanstalt für Straßenwesen (BASt) zum Thema Ablenkung durch fahrfremde Tätigkeiten belegt den Zusammenhang von ablenkenden Tätigkeiten und Unfällen

---

[3]Durch unterschiedliche Erhebungsmethoden ist von einer grundlegenden Vergleichbarkeit der statistischen Daten nicht auszugehen: Deutschland/USA: wiss. Unfallanalyse; Österreich: Einschätzung der Polizeiorgane; USA: Daten der Verkehrsbehörde

(Huemer & Vollrath, 2012, S. 60). Eine vergleichende Analyse von mehreren Studien auf Basis von Unfallanalysen, natürlicher Fahrerbeobachtung, wie Naturalistic Driving Studies (NDS) oder Field Operational Tests (vgl. Simon, 2018, S. 23), sowie Einzelbefragungen von Fahrern ergab das in Tabelle 2.3 dargestellte Ergebnis: Ablenkungen inner- und außerhalb des Fahrzeuges, Bedienaufgaben sowie nicht näher spezifizierte Tätigkeiten gehören zu den häufigsten Ursachen, die zu einer Ablenkung von der Fahraufgabe führen. Eine Übersicht ist dazu in Anlage A gegeben.

**Tabelle 2.3** Kurzübersicht über die Anteile fahrfremder Tätigkeiten an Unfällen Quelle: Huemer & Vollrath, 2012, S. 57

| Fahrfremde Tätigkeit | Anteil an Unfällen – Min/Max [%] |
|---|---|
| Ablenkung von außen | 29,4 – 44,0 |
| Bedienaufgaben bei fahrzeugzugehörigen Geräten | 3,3 – 34,7 |
| andere Tätigkeiten im Auto [sic!] | 7,0 – 29,9 |
| Tätigkeiten, die Beifahrer betreffen | 10,9 – 26,1 |
| Bedienaufgaben bei nichtfahrzeugzugehörigen Geräten | 1,5 – 23,3 |

Vor allem Blickabwendungen stellen in Bezug auf Fahrerunaufmerksamkeit eine besondere Unfallgefahr dar. Lee, J. D. (2008, S. 525) verweist darauf, dass Unfälle dann geschehen, wenn ein Fahrer nicht in der Lage ist, auf das richtige Objekt zur richtigen Zeit zu schauen. Die „100-Car Naturalistic Driving Study" der US-Bundesbehörde für Straßen- und Fahrzeugsicherheit (NHTSA) auf Basis einer NDS zeigte, dass Ablenkungen, die mit einer Blickabwendung von der Straße einhergehen, ein höheres Sicherheitsrisiko darstellen als Ablenkungen aufgrund kognitiver Prozesse (NHTSA, 2010a, S. 7). In 80 % aller untersuchten Unfälle der Studie wurde festgestellt, dass der Fahrer kurz vor Beginn des Konfliktes den Blick von der vor ihm liegenden Straße abwendet hat (Dingus et al., 2006, S. 162). In den untersuchten Situationen konnte die Blickabwendung auf fahrfremde Nebentätigkeiten (ca. 30 %) und Umschauen vor oder während eines Spurwechsels (ca. 24 %) sowie nicht näher spezifizierbare Blickabwendungen in Verbindung mit Nebentätigkeiten (ca. 15 %) und Müdigkeit (ca. 13 %) zurückgeführt werden (Dingus et al., 2006, S. 164). Im Sinne einer einheitlichen Einordnung von Fahrerunaufmerksamkeit soll folgend das von Engström et al. (2013, S. 37) entwickelte Klassifikationsschema in Tabelle 2.4 verwendet werden[4].

Es zeigt sich, dass Ablenkung und Blickabwendung Fahrfehler in hohem Maße begünstigen und wesentlich mit Unfällen zusammenhängen (Hagendorf et al., 2011, S. 9; Seppelt et al., 2017, S. 49). Die Hauptfaktoren sind dabei fehlende oder fehlgeleitete Aufmerksamkeit sowie interne und externe Ablenkung mit einhergehender Blickabwendung von der vorausliegenden Straße. Besonders in komplexen Kreuzungssituationen werden Blicke permanent zwischen einer Vielzahl fahrsicherheitsrelevanter Objekte im Fahrzeugumfeld und fahrfremden Tätigkeiten aufgeteilt (Birrell & Fowkes, 2014, S. 114). Wird folglich in dieser Verkehrssituation mit der einhergehenden hohen visuellen Beanspruchung die Aufmerksamkeit nur unzureichend auf fahrsicherheitsrelevante Objekte verteilt oder komplett auf fahrfremde Tätigkeiten fehlgeleitet, kann der Fahrer die Kontrolle über die Situation verlieren. Die Anforderungen an die Überwachung der Verkehrssituation im Sinne der Fahraufgabe übersteigen somit die Fähigkeiten und Kapazitäten des Fahrers.

Verdeutlicht wird dies anhand des in Abbildung 2.6 dargestellten Task-Capability-Interface-Modells (TCI-Modell) von Fuller (2000, S. 48 ff.). Das Modell stellt das Leistungsvermögen des Fahrers und die Aufgabenanforderungen der Fahraufgabe gegenüber und beschreibt das Zustandekommen eines Unfalls. Wird das Leistungsvermögen des Fahrers durch die Aufgabenanforderungen überstiegen, kommt es in Folge zu einem Kontrollverlust und wie beschrieben zu einer Kollision. Dabei ist das Beherrschen der Fahraufgabe durch den Fahrer wesentlich von seinem Übungs- und Erfahrungsgrad und der körperlichen Verfassung abhängig. Die Aufgabenanforderungen an die Fahraufgabe beziehungsweise die Aufgabenschwierigkeit sind dabei durch die situationsspezifischen Straßen- und Umweltbedingungen definiert.

Das Modell stellt jedoch auch Ansatzpunkte zur Unfallvermeidung zur Verfügung. So kann durch Kompetenzerwerb das Leistungsvermögen des Fahrers erhöht werden. Weiterhin können technische Systeme die Aufgabenanforderungen herabsetzen (Fricke, N., 2009, S. 19). Zudem existieren kombinierte Ansätze auf Basis kontaktanaloger Head-Up-Displays, die sowohl die Aufgabenanforderungen herabsetzen und gleichzeitig das Leistungsvermögen des Fahrers durch

---

[4]Es ist stets zu beachten, dass je nach Studie die verwendeten Termini wie Unaufmerksamkeit, Ablenkung, Fehler in der Informationsaufnahme unterschiedlich verwendet werden und untereinander Überbegriffe sein können. Das von Engström et al. (2013, S. 37) verwendete Klassifikationsschema stellt jedoch ein weithin akzeptiertes Modell dar (vgl. Regan, Hallett und Gordon (2011, S. 1771) und Regan und Strayer (2014, S. 5 ff.)) Ein ausführlicheres Modell stellt das Schema von Treat et al. (1979, S. 197) dar.

**Tabelle 2.4**  Klassifikationsschema der Fahrerunaufmerksamkeit
Quelle: nach Engström et al., 2013, S. 37

| | Fahrerunaufmerksamkeit | | | |
| --- | --- | --- | --- | --- |
| | unzureichende Aufmerksamkeit | | fehlgeleitete Aufmerksamkeit | |
| Kategorie | Müdigkeits-bedingt | unzureichender Aufwand von Aufmerksamkeit | unvollständige Auswahl sicherheitskritischer Aktivitäten | Fahrerablenkung |
| Beispiel für einen Prozess, der zu Unaufmerksamkeit führt | Fahrer ist schläfrig oder schlafend | Fahrer ist in Eile und sucht nur ungenügend nach Gefahren an einer Kreuzung | Fahrer übersieht Straßenmerkmale oder Verkehrsschilder | *intern:* Fahrer isst, trinkt oder bedient Klimaanlage *extern:* Fahrer sucht nach einer Hausnummer |

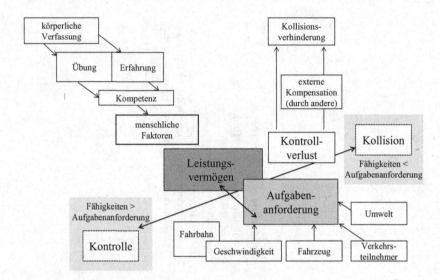

**Abbildung 2.6** Das Task-Capability-Interface-Modell
Quelle: nach Fuller, 2000, S. 51

hervorheben von sicherheitsrelevanten Objekten auf der Straße erhöhen (Roßner, Dettmann, Jentsch & Bullinger, 2013, S. 176). Auf diesen Prinzipien aufbauend können technische Sicherheits- und Assistenzsysteme den Fahrer bei Normalfahrt oder bei einer drohenden Gefahr unterstützen und damit einen Beitrag zur Unfallvermeidung leisten oder den Verlauf von kritischen Verkehrssituationen positiv beeinflussen (Hummel, Kühn, Bende & Lang, 2011, S. 55). Diese Systeme sollen im folgenden Abschnitt vertieft betrachtet werden.

### 2.1.3　Fahrerassistenz- und Informationssysteme

Technische Systeme zur Unterstützung des Fahrers werden Fahrerassistenzsysteme (FAS) oder Fahrerinformationssysteme (FIS) genannt und zumeist im Sinne der Verkehrssicherheit entwickelt. Darüber hinaus können diese Systeme auch den Fahrkomfort adressieren oder geben Hilfestellungen zum ökonomischen Fahren (Kühn & Hannawald, 2015, S. 65). Beispielhafte Funktionen für FAS sind die fahrdynamische Stabilisierung des Fahrzeugs durch Eingriffe elektronischer Stabilitätsprogramme (ESP)[5] bei unerwarteten und kritischen Situationen (Donges, 2012, S. 22) oder die automatische Regelung einer Klimaautomatik (Rassl, 2004, S. 6). Generell werden FAS folgendermaßen definiert:

*Definition des deutschen Verkehrssicherheitsrats:*
*„...Fahrerassistenzsysteme [sind] Systeme, die geeignet sind, den Fahrer in seiner Fahraufgabe hinsichtlich Wahrnehmung, Fahrplanung und Bedienung zu unterstützen, die in den drei Bereichen Navigation, Fahrzeugführung und -stabilisierung wirken und signifikant zur Unfallvermeidung beitragen."*

aus Bubb et al. (2015, S. 528)

FAS stehen somit in unmittelbarer Beziehung zur Fahraufgabe (vgl. Abschnitt 2.1). Im Gegensatz dazu stehen FIS nur mittelbar in Beziehung zur Fahraufgabe und können als MMS sowohl fahrrelevante, als auch nicht fahrrelevante Information an den Fahrer abgeben (Färber, 2005, S. 141). FAS/FIS können den Fahrer auf allen Ebenen der Fahraufgabe (Navigation, Bahnführung- und Stabilisierung) unterstützen (Drei-Ebenen-Modell der Fahrzeugführung; Donges, 1982, S. 184).

Dabei wirken die Systeme in diesem Zusammenhang als Parallelsysteme zum System Fahrer-Fahrzeug, da nach Definition der Assistenzfunktion die Maschine redundante Aufgaben hinsichtlich der Wahrnehmung, Interpretation und Umsetzung analog zum Menschen durchführt (Maurer, 2012, S. 43). Abbildung 2.7 modelliert die grundlegende Funktionsweise von FAS/FIS im Gesamtkontext der Fahrer-Fahrzeug-Interaktion. FAS/FIS sind in der Lage, über Sensoren Informationen sowohl über den Fahrzeugzustand und das -umfeld (Winner et al., 2015, S. 221 ff.) als auch über den Fahrerzustand (Langer, Abendroth & Bruder, 2015, S. 690) und die Fahrerabsicht (Liebner & Klanner, 2015, S. 705 ff.) aufzunehmen und zu verarbeiten.

Diese Daten werden fusioniert, durch eine komplexe Signalverarbeitung aufbereitet (Darms, 2015, S. 440 ff.) und dem Fahrer zur Unterstützung über MMS als Warnung oder Handlungsempfehlung zur Verfügung gestellt (König, 2015, S. 623 f.). Durch eingreifende Systeme (Aktorik) können FAS zudem direkt Einfluss auf das Fahrzeug ausüben. Je nach Auslegung können somit Teilaufgaben der Längs- oder Querführung übernommen werden oder es kann die komplette Übernahme aller Fahrfunktionen erfolgen (Winner et al., 2015, S. 553 ff.).

Funktional können FAS/FIS in die Oberkategorien „informierend", „warnend" und „eingreifend" eingeteilt werden. Diese Kategorisierung erfolgt nach den

---

[5]ESP greifen in querdynamischen Grenzbereichen ein und vermeiden Driften und Schleudern (van Zanten und Kost (2015, S. 730)).

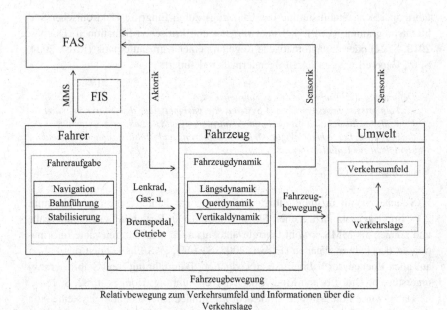

**Abbildung 2.7** Drei-Ebenen-Modell der Fahrzeugführung erweitert um FAS/FIS
Quelle: nach Eigel, 2010, S. 5; aufbauend auf Donges, 1982, S. 184

technischen Unterstützungsgraden und ist abhängig von ihrer Interventionstiefe (Jentsch, 2014, S. 31; Bubb et al., 2015, S. 557). Eingreifende Systeme wurden im Zuge der Forschung zum Themenfeld „automatisiertes Fahren" weiter in die Stufen assistierend, teilautomatisiert und hochautomatisiert (Gasser, 2012, S. 9) sowie autonom eingeteilt (vgl. SAE J3016, S. 17; VDA, 2015, S. 15).

Informierende und warnende FAS/FIS unterstützen mittels MMS den Fahrer auf Navigations- und Bahnführungsebene, greifen aber nicht in den Regelprozess der Fahrer-Fahrzeug-Interaktion ein (Rimini-Döring et al., 2004, S. 1; Bubb et al., 2015, S. 559). Auf der Navigationsebene können Navigationssysteme den Fahrer bei der Routenplanung und Wegbeschreibung unterstützen und ihn über die aktuelle Verkehrslage informieren. Die Abgrenzung informierender Assistenten zu warnenden Assistenten erfolgt durch die unmittelbare Dringlichkeit der Informationen, die an den Fahrer gegeben werden. Der zur Verfügung stehende Zeithorizont ist für Warnungen wesentlich kleiner als bei informierenden

FAS/FIS, da zumeist sicherheitsrelevante Aspekte an den Fahrer adressiert werden. Dringliche Warnungen können bedeutsame Zustandsinformationen, wie die Reifendruckwarnung oder Warnungen zur Kollisionsvermeidung sein (Fricke, N., 2009, S. 16).

Eingreifende Assistenten können die Fahrdynamik entweder direkt oder simultan regeln. Direkt meint dabei die Regelung alternativ zum Fahrer (Adaptive Cruise Control)[6] durch die komplette Übernahme eines Teils der Fahraufgabe. Bei simultaner Regelung fungieren die Assistenzsysteme als überwachendes Element in Kooperation mit dem Fahrer (aktiver Spurhalteassistent, Bubb et al., 2015, S. 559).[7] Zusammengefasst sind FAS/FIS mittels maschineller Wahrnehmung in der Lage, den Menschen bei der Bewegung durch den Verkehrsraum in den drei Ebenen der Fahraufgabe zu unterstützen und bei Gefahr durch informatorische und eingreifende Maßnahmen zu assistieren. Tabelle 2.5 gibt dazu Beispiele zu FAS und kategorisiert diese nach Interventionsstufe sowie nach den Ebenen der Fahraufgabe. Zur Vertiefung sei an dieser Stelle auf das „Handbuch Fahrerassistenzsysteme" von Winner et al. (2015, S. 721) hingewiesen, welches einen generellen Überblick über aktuelle FAS gibt und deren spezifische Funktionsweise sowie die allgemeinen Anforderungen an die Gestaltung der Systeme erläutert.

---

[6] Adaptive-Cruise-Control-Systeme (ACC) steuern abhängig vom Vorderfahrzeug Abstand und Geschwindigkeit. Der Fahrer übernimmt die Spurhaltung (Winner und Schopper (2015, S. 852)).

[7] Aktive Spurhalteassistenten informieren den Fahrer über das unabsichtliche Verlassen der Spur und greifen gegebenenfalls aktiv in die Querführung ein (Bartels, Rohlfs, Hamel, Saust und Klauske (2015, S. 938)).

**Tabelle 2.5**  FAS-Kategorisierung und Einteilung in die Ebenen der Fahraufgabe
Quelle: nach Gründl (2005, S. 47) und Jentsch (2014, S. 32)

| | Ebene | Informieren | Warnen | Eingreifen |
|---|---|---|---|---|
| | | | Grad der Unterstützung | |
| Fahr-aufgabe | Navigation | Navigationssystem | Füllstandwarnung | Hochautomatisiertes bis autonomes Fahren |
| | Bahnführung | Sichtverbesserungssysteme | Abstandswarnung | |
| | Stabilisierung | Kein FAS möglich | | Tempomat, ACC, ESP |

## 2.1.4   Anforderungen an moderne Fahrerassistenzentwicklung

Aus den Erläuterungen der vorangegangenen Kapitel zeigt sich, dass der Einsatz moderner FAS/FIS einen Fahrer in einer Vielzahl von Situationen unterstützen kann. Entsprechend des in Abschnitt 2.1.2 vorgestellten TCI-Modells können FAS/FIS das Leistungsvermögen von Fahrern steigern, was über Laborstudien hinaus auch in der wissenschaftlichen Unfallforschung sowie in erweiterten Feldtests mit über einer Million Fahrzeugen nachgewiesen werden konnte (Kyriakidis, van de Weijer, van Arem & Happee, 2015, S. 3; Spicer et al., 2018, S. 5). Wie bereits dargestellt, basiert die Notwendigkeit zur Fahrerunterstützung auf den limitierten Kapazitäten der Fahrerinformationsverarbeitung. Diese Betrachtungsweise aus wahrnehmungs-psychologischer Sicht in Kombination mit der Fahrerunterstützung durch FAS/FIS als systematischer Verbund von automatisierter Sensorik und Steuerung findet sich auch in Abbildung 2.8 wieder. Das Modell der limitierten Kapazitäten der Fahrerinformations-verarbeitung von Shinar (2007, S. 66) liefert zudem auch den Ansatz der Verbesserung der Entscheidungsfindung durch die Vermittlung von Informationen und Warnungen mittels Anzeigen.

Zukünftige Entwicklungen von Fahrerassistenzsystemen haben zunehmend das Ziel, die automatisierte Steuerung von Fahrzeugen zu erweitern. Fahrzeughersteller und Wissen-schaft verfolgen intensiv das Ziel des hochautomatisierten Fahrens, dessen geschätzten Einführungszeitraum Experten auf ein bis zwei Dekaden abschätzen (Spicer et al., 2018, S. 5). In der Übergangszeit besteht für die Entwickler das Problem, dass Fahrer bei der Verwendung von (teil-)automatischen Systemen zunehmend unterfordert werden. Neben rechtlichen Grundsatzfragen, den Fahrer aus dem Fahrer-Fahrzeug-Regelkreis zu entlassen (BGBl. 1977 II, 1977, S. 821; Gasser et al., 2015, S. 51), kann diese Unterforderung auch zu Müdigkeit oder negativen Veränderungen im Fahrverhalten (König, 2015, S. 626) oder generellem Aufmerksamkeitsverlust führen (Geisler, S., 2018b, S. 374). In diesem Kontext gilt es zu beachten, dass Warnungen und In-formationen so gestaltet sind, dass diese von einem Fahrer auch in (teil–)automatisierten Szenarien korrekt interpretiert werden können, was mit einer stetigen Erforschung und Weiterentwicklung der MMS in Fahrzeugen einhergehen muss (Kühn & Hannawald, 2015, S. 70). Wesentlich ist dabei die grundlegenden menschlichen Faktoren zur Wahrnehmung und Aufmerksamkeit zu beachten (Geisler, S., 2018a, S. 355).

Dies gilt auch für aktuelle Entwicklungen im Bereich der Fahrerassistenz. Fahrzeugkäufer werden mit einer immer größeren Auswahl an FAS/FIS konfrontiert, wovon jedes Einzelne davon in der Lage ist, den Fahrer durch Bedienung oder Betrachtung visuell zu belasten und abzulenken (NHTSA, 2010a, S. 6). Die

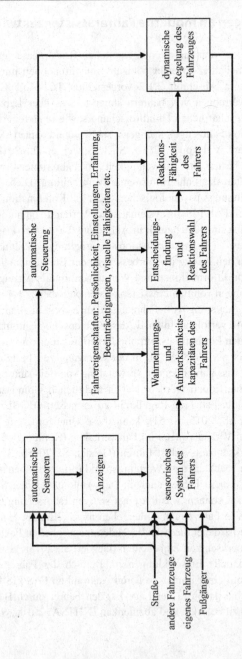

**Abbildung 2.8** Modell der limitierten Kapazitäten der Fahrerinformationsverarbeitung
Quelle: nach Shinar (2007, S. 66)

Literatur geht davon aus, dass durch die Integration von weiteren Assistenzsystemen und der zunehmenden Verwendung von mobilen Endgeräten im Fahrzeug das Problem weiter verschärft wird und entsprechende Systeme eine zusätzliche Belastung für den Fahrer darstellen (Wierwille, 1993, S. 134; Mattes & Hallén, 2009, S. 107; Regan et al., 2011, S. 1771). Das Modell der limitierten Kapazitäten der Fahrerinformationsverarbeitung von Shinar (2007, S. 66) zeigt, dass MMS auf das sensorische System einwirken und damit weitere mentale Ressourcen des Fahrers binden können, was in komplexen Situationen eine weitere Zusatzbelastung zur Fahraufgabe darstellen kann (Winner et al., 2015, S. 626). Somit ergibt sich ein Bedarf zur Verringerung der Ablenkung, welche durch FIS/FAS generiert wird. Ein erfolgversprechender Ansatz ist dazu die Optimierung der MMS im Fahrzeug (Vollrath, Huemer, Hummel & Pion, 2015, S. 77).

Es ist daher erforderlich, die Ablenkungswirkung entsprechender Systeme von der primären Fahraufgabe im Verlauf der Entwicklung zu untersuchen (Stevens, 2009, S. 398; Breuer, Hugo, Mücke & Tattersall, 2015, S. 184)[8]. Besonders in Bezug auf visuell informierende oder warnende FAS/FIS ist auf eine unkomplizierte und verständliche Gestaltung der grafischen Benutzeroberfläche zu achten, die es ermöglicht, schnell Informationen aufzunehmen und zu interpretieren. Klar strukturierte Menüs sowie eine eindeutige Semantik der verwendeten Symbole und Wörter sind dabei wesentlich. Dabei ist insbesondere auf die kausale Wirkung der dargestellten Informationen zu achten, da diese im Regelfall eine Reaktion und ein Eingreifen des Fahrers nach sich ziehen. Demzufolge müssen die dargebotenen Informationen fehlerfrei und weitestgehend eindeutig vom Fahrer zu interpretieren sein (Gasser et al., 2015, S. 32).

Studien zur Untersuchung der Ablenkungswirkung von FAS/FIS messen in diesem Zusammenhang die Anzahl der Blickabwendungen sowie die Blickdauer abseits der Straße (DIN EN ISO 15007-1:2014, S. 7). Beispielhaft zeigt sich, dass bei der Interaktion mit einem Navigationssystem für die Auswahl eines einprogrammierten Zieles bis zu zwölf Blickabwendungen pro Auswahl mit einer durchschnittlichen Länge von circa einer Sekunde nötig waren (Färber & Färber, 2003, S. 81 f.). Ein FAS/FIS, das ökologisches Fahren unterstützen soll, führt in städtischen Umgebungen zu einer durchschnittlichen Blickabwendung von 0,58 Sekunden und circa alle 10 km zu einer Blickabwendung von größer als zwei Sekunden (Ahlstrom & Kircher, 2017, S. 418). Abhängig vom

---

[8]Ein weiterer Aspekt aus technischer Sicht ist die Untersuchung der funktionalen Sicherheit und betrifft im Wesentlichen FAS. Funktionale Sicherheit beschreibt die korrekte und sichere Funktion von Produkten und ist für sicherheitsrelevante elektrische/elektronische Systeme in Kraftfahrzeugen in der ISO 26262 („Road vehicles – Functional safety") geregelt (Wilhelm, Ebel und Weitzel (2015, S. 86)).

jeweiligen FAS/FIS und der durchzuführenden Aufgabe konnte in Studien eine durchschnittliche Blickabwendung von 0,8 – 1,1 Sekunden gefunden werden (Birrell & Fowkes, 2014, S. 121). Diese Zeiten erscheinen relativ kurz, jedoch ist darauf zu achten, dass diese Systeme oft nur auf ihre Einzelwirkung hin untersucht werden. Bei einer Vielzahl von Assistenzsystemen steigt die simultane Übermittlung an Informationen an den Fahrer in wesentlichem Maße an (Färber & Färber, 2003, S. 8), sodass die Aufmerksamkeit auf alle Systeme aufgeteilt werden muss, was wiederum zu weiteren Blickabwendungen von der eigentlichen Fahraufgabe führt.

Das in Abbildung 2.9 dargestellte Modell der visuellen Beanspruchung nach Lansdown (1996, S. 5) zeigt wiederholt die wechselseitige Abhängigkeit des Fahrers, seiner Umwelt und FAS/FIS auf. Wird ein Fahrer mit seinen limitierten Wahrnehmungskapazitäten beständig Informationen aus der Umgebung und den technischen Systemen im Fahrzeug ausgesetzt, so ist es möglich, die Mitte des Modells als Punkt der höchsten visuellen Beanspruchung zu erreichen und den Fahrer somit zu überfordern. Es besteht demzufolge die Gefahr, dass sich Kosten und Nutzen von FAS/FIS hinsichtlich eines Informations- und somit Sicherheitsgewinns mit einer möglichen Ablenkungswirkung und der sich daraus entwickelnden potenziellen Unfallgefahr aufwiegen.

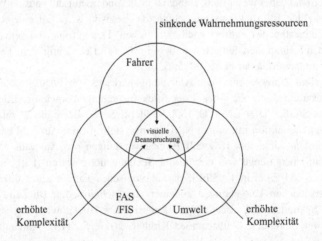

**Abbildung 2.9**  Modell der visuellen Beanspruchung
Quelle: nach Lansdown, 1996, S. 5

Für eine erleichterte Wahrnehmung bedarf es daher einer optimierten visuellen Assistenz im technologischen Verbund mit FAS/FIS, welche die Komplexität optischer Informationssysteme reduziert. Neuartige MMS können die visuelle Wahrnehmungs-leistung des Fahrers erhöhen indem die visuelle Beanspruchung für einzelne Systeme herabgesetzt wird, was sich in der Folge positiv auf die visuellen Wahrnehmungs-ressourcen des Fahrers auswirkt. Als kausale Wirkung steht diesem somit ein größeres Zeitfenster zur Erfassung von Informationen außerhalb des Fahrzeugs zu Verfügung und leistet damit einen direkten Beitrag zur Unfallvermeidung und Verkehrssicherheit. Bereits kleinste Zeiträume von 0,5 - 1,0 Sekunden, die ein Fahrer ein Unfall verhütendes Manöver früher einleitet, wären ausreichend, um 50 % der Kollisionen zu vermeiden (Enke, 1979, zitiert nach Cohen, 2017, S. 271). Cohen führt weiterhin aus, dass der Fahrer aufgrund biologischer Schranken nicht schneller reagieren könne und daher die Reaktion selbst zeitlich vorverlegt werden müsse. Durch FAS/FIS, die optimierte MMS verwenden, könnten Fahrer sowohl früher informiert und gewarnt werden als auch kürzer durch die Systeme selbst abgelenkt werden.

Die Effizienz einer optimierten visuellen Assistenz kann in Anlehnung an Geiser (1994, S. 15) mit dem Leistungsbegriff der Ergonomie nach Schmidtke (1993, S. 112) operationalisiert werden. Die Arbeitsleistung, im Fall der Arbeit die visuelle Wahrnehmungsleistung, setzt sich aus den sachlichen Leistungsvoraussetzungen und den menschlichen Leistungsvoraussetzungen und -fähigkeiten zusammen. Wird ein technisches System implementiert, das die sachlichen Leistungsvoraussetzungen durch das Herabsetzen der Aufgabenschwierigkeit beim Erkennen von Informationen steigert, so können diese mit weniger Fehlern schneller aufgenommen werden. Neuartige Anzeigen, wie autostereoskopische Monitore, können diesem Ansatz gerecht werden. Entsprechend sollen nach einer kurzen Zusammenfassung die Funktionsweise sowie die Vorteile der Technologie vorgestellt werden.

## 2.1.5  Zusammenfassung des Kapitels

Das Kapitel erläuterte die Relevanz der menschlichen Wahrnehmung für die Fahrer-Fahrzeug-Interaktion. Dazu wurde in Kapitel 0 anhand der Prinzipien der geteilten Aufmerksamkeit und multiplen Handlungen aufgezeigt, dass die menschliche Wahrnehmung grundlegenden Limitierungen unterliegt.

Auf Basis wissenschaftlicher Untersuchungen zum Thema Unfallgeschehen und dessen Ursachen erläuterte Abschnitt 2.1.2, dass insbesondere die visuelle Ablenkung einen wesentlichen Einflussfaktor für Verkehrsunfälle darstellt. Auf Basis dieser Problemstellung entwickeln Automobilhersteller technische Sicherheits- und Assistenzsysteme, die den Fahrer bei Normalfahrt oder bei einer drohenden Gefahr unterstützen. Entsprechend wurden Systeme entwickelt, die Unfallfolgen mittels passiver Sicherheitssysteme wie Seitenaufprallschutz oder Gurtstraffern mildern. Darüber hinaus werden aktive Sicherheitssysteme wie FAS/FIS entwickelt, die den Fahrer vor Kollisionen warnen und im Notfall in die Fahrzeugführung eingreifen. Diese können einen automatischen Bremsvorgang einleiten und somit dem Fahrer helfen, einen Unfall zu vermeiden oder abzumildern. Die generelle Klassifikation und die grundlegende Funktionsweise von FAS/FIS wurde dabei in Abschnitt 2.1.3 beschrieben.

Das darauffolgende Abschnitt 2.1.4 zeigt auf, dass aktuelle und zukünftige Entwicklungen im Bereich der FAS/FIS den wahrnehmungspsychologischen Prozessen und Limitierungen des Menschen gestalterisch Rechnung tragen müssen, um anwendungsgerecht effektive, effiziente und zufriedenstellende Systeme zu entwickeln. Handelt es sich um informierende oder warnende Systeme, wurde der Konflikt zwischen einem möglichen Sicherheitsgewinn durch die Assistenzsysteme und der potenziellen Ablenkungswirkung aufgezeigt. Besonders im Fall von Systemen, die auf dem optischen Aufnahmekanal agieren, konnte gezeigt werden, dass für den Fahrer eine zusätzliche Beanspruchung zur visuellen Informationsaufnahme im Sinne der Fahraufgabe entstehen kann.

Für eine erleichterte Wahrnehmung bedarf es daher einer optimierten visuellen Assistenz im technologischen Verbund mit FAS/FIS, welche die Komplexität optischer Informationssysteme reduziert. Wird die visuelle Wahrnehmungsleistung des Fahrers verbessert, wirkt sich dies positiv auf die visuellen Wahrnehmungsressourcen des Fahrers aus. Diesem steht dadurch ein größeres Zeitfenster zur Erfassung von Informationen außerhalb des Fahrzeugs zu Verfügung, was in Folge einen direkten Beitrag zur Unfallvermeidung und Verkehrssicherheit leistet. Ein vielversprechender Weg zur Erreichung dieses Ziels ist die Anwendung autostereoskopischer Monitor als MMS eines FAS/FIS. Das folgende Kapitel ordnet diese Anzeigen zunächst innerhalb der allgemeinen Mensch-Maschine-Interaktion ein und stellt die grundlegenden Funktionsweisen vor.

## 2.2    Stereoskopische Anzeigen als Fahrerassistenz- und Informationssystem

Anzeigen werden in der Mensch-Maschine-Interaktion wie folgt definiert: Anzeigen sind *„eine Einrichtung zur Informationsdarstellung, mit deren Hilfe sichtbare, hörbare oder durch Berührung (taktil) unterscheidbare Sachverhalte angegeben werden"* (DIN EN 894-2:2009-02, S. 6). Im Verlauf der vorliegenden Arbeit wird

„Anzeige" oder „Display" als Synonym für „optische Anzeigen" verwendet. Stereoskopische Anzeigen ermöglichen durch ihre spezifische Funktionsweise eine dreidimensionale Darstellung der Inhalte. Der Betrachter erfährt einen wahrnehmbaren Tiefeneffekt (Hill & Jacobs, 2006, S. 577). Autostereoskopische Monitore sind im Speziellen dadurch definiert, dass diese keine weiteren Hilfsmittel zur Betrachtung der 3D-Darstellungen benötigen (Holliman, Dodgson, Favalora & Pockett, 2011, S. 365; Grimm et al., 2013, S. 132).

Generell dienen Anzeigen dazu, einen Bediener bei der Wahrnehmung von relevanten Systemvariablen zu unterstützen und die weitere Verarbeitung der Informationen zu erleichtern (Wickens, Gordon & Liu, 1997, S. 224). Abbildung 2.10 zeigt dabei das grundlegende Modell der Mensch-Maschine-Interaktion für optische Anzeigen. Im Sinne eines FAS/FIS generiert das System Fahrzeug Informationen, die vom Fahrer benötigt werden, um die Fahraufgabe durchzuführen (vgl. Abschnitt 2.1). Diese Informationen werden auf einem Monitor dargestellt und vom Fahrer auf dem optischen Kanal wahrgenommen und interpretiert. Aus diesen Informationen leitet der Fahrer fahraufgabenrelevante Aktionen ab. Beispielhaft sei die Anzeige der Geschwindigkeit genannt, aus denen der Fahrer die Handlung „Bremsen" ableitet, wenn er erkennt, dass die Fahrzeuggeschwindigkeit über der Richtgeschwindigkeit liegt. Durch eine passende Gestaltung der Anzeigeninhalte entsprechend den Aufgabenanforderungen wird idealerweise eine problemlose Wahrnehmung und schnelles Verständnis für den Fahrer ermöglicht (Wickens et al., 1997, S. 224).

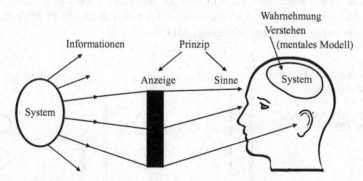

**Abbildung 2.10**  Optische Anzeigen als Mensch-Maschine-Schnittstelle
Quelle: nach Wickens et al., 1997, S. 224

Eine neue Generation von Anzeigen auf Basis von autostereoskopischen Monitoren bietet eine innovative Möglichkeit zur weiteren Steigerung der visuellen Wahrnehmungsleistung von Fahrern. Mittels dieses Ansatzes ist es möglich, die sachlichen Leistungsvoraussetzungen durch eine Optimierung der Benutzeroberfläche weiter zu erhöhen, indem Informationen dreidimensional strukturiert dargestellt werden und ein Fahrer die strukturierteren Informationen schneller erfassen und verstehen kann. Folgend soll die Funktionsweise sowie das wahrnehmungspsychologische Prinzip dieser Monitore erläutert werden.

### 2.2.1  Funktionsweise stereoskopischer Anzeigen

Autostereoskopische Monitore basieren auf den in Abbildung 2.11 dargestellten Prinzipien der Parallaxbarriere oder des Lentikularrasters (Pickering, 2014, S. 125). Beide Verfahren lenken das Licht der Bildpixel in verschiedene Richtungen. Bei entsprechender Bauweise erreichen so zwei unterschiedliche Bilder das jeweilige Auge des Betrachters, wodurch dieser einen Tiefeneindruck erfährt. Parallaxbarrieren blockieren dabei das Licht für bestimmte Blickwinkel und Lentikularraster beugen mittels zylindrischer Linsen das Licht zum jeweiligen Auge. Da das Lentikularverfahren auf Lichtbeugung und nicht auf Verdeckung beruht, erscheinen die Bilder hier heller (Mehrabi, Peek, Wünsche & Lutteroth, 2013, S. 94). Für beide Verfahren besteht das Problem, dass die Wahrnehmung eines Stereobildes nur an einem bestimmten Standpunkt und in einem kleinen Bereich vor dem Monitor möglich ist. Um dies zu umgehen, kann die Position der Betrachter durch technische Systeme wie Eye-Tracker verfolgt und die Bildinhalte daraufhin angepasst werden (Pickering, 2014, S. 125).

**Abbildung 2.11** Funktionsweise autostereoskopische Displays Quelle: nach Pickering, 2014, S. 125

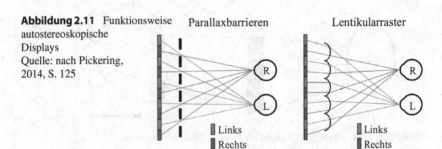

Das wahrnehmungspsychologische Grundprinzip, auf dem die Vorteile stereoskopischer Anzeigen beruhen, bezieht sich auf die technologisch ermöglichte erfassbare Tiefe als salientes Attribut. Salienz, umgangssprachlich auch Auffälligkeit, beschreibt in diesem Zusammenhang das Maß, inwieweit sich ein Objekt auf Basis seiner Eigenschaften zu anderen Objekten unterscheidet (Uddin, 2017, S. 1). Dreidimensional gestaltete Benutzeroberflächen bieten demzufolge durch die Tiefe ein weiteres Objektmerkmal neben Farbe, Form, Größe oder Semantik. Objekte, die auf unterschiedlichen virtuellen Ebenen angeordnet werden, können somit besser voneinander unterschieden werden. (Szczerba & Hersberger, 2014, S. 1184). Dies führt zu einer erhöhten visuellen Ordnung von User-Interfaces und ermöglicht Nutzern spezifische Informationen schneller zu finden, zu identifizieren und zu klassifizieren (McIntire et al., 2014, S. 21). Dies trifft auch dann zu, wenn sich mehrere Objekte überlappen (Nakayama, Shimojo & Silverman, 1989, S. 67). Die höhere Informationsstrukturierung von stereoskopischen Ansichten und die einhergehende verbesserte Differenzierbarkeit von Informationsclustern führt weiterhin zu weniger Informationsverlusten und kann den Nutzer in der Wahrnehmung mehrerer Objekte unterstützen (Poco et al., 2011, S. 1119).

Ein mögliches Szenario ist die Anwendung des Tiefeneffekts auf grafischen Softwareoberflächen. Das US-amerikanische Technologieunternehmen Apple Inc. meldete im Jahr 2007 ein Patent für einen „multidimensionalen Desktop" für Betriebssysteme an. Die im unteren Bereich von Abbildung 2.12 dargestellte Symbolleiste („Dock") dient dem Schnellzugriff auf häufig verwendete Programme. Gestalterisch hebt diese sich in der Tiefe von der eigentlichen Benutzeroberfläche ab und ermöglicht somit laut Patentschrift eine intuitivere Benutzererfahrung (Chaudhri, Louch, Hynes, Bumgarner & Peyton, 2007, S. 35).

Neben dem Aspekt, dass mehrere Oberflächenelemente auf mehreren Tiefenebenen voneinander unterscheidbar angeordnet werden können, kann auch die Metapher eines „Puppentheaters" oder eines Dioramas angewendet werden (Banks, Read, Allison & Watt, 2012, S. 24). Autostereoskopische Displays können, wie in Abbildung 2.13 dargestellt, die Welt in miniaturisierter Form mit stufenlosem Tiefeneffekt wiedergeben. Die wahrnehmbare Tiefe auf autostereoskopischen Displays ermöglicht dem Benutzer, über das übliche Maß hinaus Relationen zwischen Objekten besser einzuschätzen und somit Szenen wahrheitsgetreu zu erfassen (Martinez Escobar et al., 2015, S. 142). Im weiteren Verlauf sollen die wesentlichsten wissenschaftlichen Befunde zu stereoskopischen Darstellungen in der allgemeinen Mensch-Maschine-Interaktion vorgestellt werden.

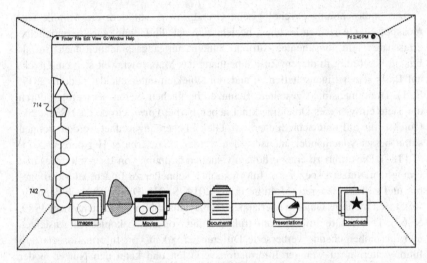

**Abbildung 2.12** Patent eines multidimensionalen Desktops für Betriebssysteme
Quelle: Chaudhri et al., 2007, S. 7

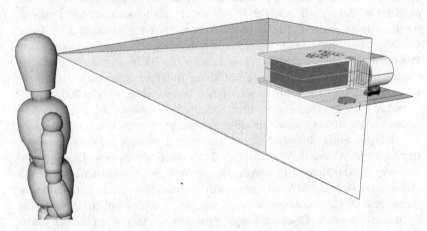

**Abbildung 2.13** Autostereoskopische Displays als „Puppentheater"
Quelle: eigene Darstellun

## 2.2.2   Empirische Befunde zur Wirksamkeit stereoskopischer Anzeigen

Die vorgestellten Arten der Darstellung, das gestufte Absetzen von Oberflächenelementen und die stufenlose Darstellung von Informationen sowie deren Mischformen können einen Anwender in der Informationsaufnahme unterstützen. Für die Fragestellung, worin die Vorteile von 3D-Monitoren in spezifischen Anwendungen liegen und inwieweit sich stereoskopische Anzeigen in der Aufgabenleistung der Nutzer von herkömmlichen Darstellungen unterscheiden, geben McIntire et al. (2014, S. 18 ff.) in einer Metaanalyse einen ersten Überblick. Aus 160 Publikationen mit 184 Experimenten konnten die in Tabelle 2.6 dargestellten Ergebnisse extrahiert werden. Insgesamt 60 Prozent der Studien zeigen dabei einen Vorteil in der Aufgabenleistung der Nutzer, wenn stereoskopische Darstellungen verwendet wurden. Hier ist explizit zu beachten, dass die Aufgabenleistung von McIntre et al. (ebenda) für die Analyse konzeptualisiert wurde, da eine Vergleichbarkeit aufgrund der Vielzahl der Studien nicht gewährleistet werden kann, jedoch einen generellen Überblick ermöglicht.

Die betrachteten Studien werden sechs Aufgabenkategorien zugeordnet, in denen nach McIntire et al. (2014, S. 19) die Darstellung von Inhalten mit technisch realisierten Tiefeninformationen nützlich ist: räumliches Verständnis von komplexen Szenen, wie es zum Beispiel bei medizinischen Operationen, der Bildanalyse oder Routenplanung notwendig ist. Eine weitere Kategorie ist das Manipulieren von virtuellen Objekten in CAD-Anwendungen oder die Teleoperation eines realen Roboterarms. Neben Navigationsaufgaben bei der Fernsteuerung von automatisierten Objekten, wie etwa Transportrobotern, wurden weiterhin Studien betrachtet, in denen das Finden, Identifizieren und Klassifizieren von Objekten oder das räumliche Verständnis im Sinne von Erkennen, Speichern und Erinnern von komplexen Grafiken und Objekten gefordert war. In der letzten Kategorie wurden Studien zu Lern- und Trainingseffekten im Umgang mit 3D-Technologien ausgewertet.

Alle betrachteten Studien verwendeten ein Versuchsdesign, das einen Vergleich unterschiedlicher Anzeigetechnologien bei identischer Aufgabe ermöglichte. Das bedeutet, dass mindestens eine 2D- und 3D-Bedingung im Experiment vorhanden ist, um die Vor- und Nachteile der Technologien zu erheben.

Als Fazit der Metaanalyse zeigen McIntire et al. (2014, S. 23) auf, dass stereoskopische Anzeigen dann am vorteilhaftesten sind, wenn schwierige oder komplexe Aufgaben in nächster Umgebung der Nutzer durchgeführt werden. Weiterhin sind stereoskopische Anzeigen in der Lage, den Nutzer bei Aufgaben zu unterstützen, in denen unbekannte Aufgaben mit einem räumlichen Bezug

**Tabelle 2.6** Stereoskopische und zweidimensionale Anzeigen im Technologievergleich
Quelle: McIntire et al., 2014, S. 21

| | Position und/oder Distanz einschätzen | Finden, Identifizieren, Klassifizieren von Objekten | Manipulation von Objekten (real + virtuell) | Navigation | räumliches Verständnis (Speichern/Erinnern) | Lernen, Training, Planen | Gesamt | Anteil [%] |
|---|---|---|---|---|---|---|---|---|
| 3D ist besser | 16 | 17 | 55 | 5 | 13 | 4 | 110 | 60 |
| Ergebnisse unklar | 4 | 2 | 12 | 0 | 6 | 4 | 28 | 15 |
| kein Unterschied | 8 | 7 | 15 | 7 | 6 | 3 | 46 | 25 |
| Total | 28 | 26 | 82 | 12 | 25 | 11 | 184 | 100 |

erfüllt werden müssen oder allgemeine bildhafte, zweidimensionale Hinweise zur Wahrnehmung von Tiefeninformationen fehlen oder schwer zu erfassen sind. Zu einem ähnlichen Schluss kommen van Beurden, van Hoey, Hatzakis und Ijsselsteijn (2009, S. 11) in ihrem Review von über dreißig Studien zur stereoskopischen Anwendung in den medizinischen Bereichen Diagnose, präoperative Planung, minimal invasive Chirurgie sowie Training und Lehre. Die generellen Vorteile der in den Studien untersuchten 3D-Darstellungen werden auf eine Verbesserung der subjektiv wahrgenommenen Bildqualität, der verbesserten Trennung von Objekten von der umliegenden visuellen Umgebung und einer besseren relativen Tiefenbeurteilung sowie Oberflächenerfassung zurückgeführt.

Dabei muss beachtet werden, dass die in den Metaanalysen untersuchten Studien bezüglich der Anwendungsfelder und der untersuchten Technologien (stereoskopische/autostereoskopische Anzeigen oder Head-Mounted-Displays) sehr heterogen sind. Zwar ist der Vorteil der wahrnehmungspsychologischen Komponente des wahrnehmbaren Tiefeneffektes für alle Systeme identisch und daher im weitesten Sinne unkritisch, es fehlt jedoch eine detaillierte Betrachtung der einzelnen Anwendungsfälle.

Ergänzend sollen weitere exemplarische Studien vorgestellt werden, die einen Anwendungsfall in den Kategorien „Position und/oder Distanz einschätzen", „Navigation" oder „Finden, Identifizieren, Klassifizieren von Objekten" beinhalten, da diese eine hohe Relevanz für die Fahrer-Fahrzeug-Interaktion besitzen (vgl. Abschnitt 2.1.3). Tabelle 2.7 stellt die Studien und deren Hauptergebnisse tabellarisch vor. Anlage B gibt eine detaillierte Beschreibung der Studien wieder.

Zusammengefasst zeigt sich, dass stereoskopische Anzeigen einen weitestgehend positiven Effekt auf die Wahrnehmungsleistung von Nutzern haben. Zudem zeigen sich im Produktmerkmal Zufriedenstellung Vorteile gegenüber herkömmlichen zwei-dimensionalen Anzeigen. So konnten eine positive Auswirkung auf die Konstrukte Zufriedenstellung und User Experience (UX) belegt werden (Mikkola et al. (2010); Sassi et al. (2014). Dieser direkte Effekt auf die Zufriedenstellung findet beispielsweise auch in der Werbeindustrie Anwendung (Boer, Verleur, Heuvelman & Heynderickx, 2010, S. 7).

Es zeigt sich jedoch, dass die Vorteile von stereoskopischen Ansichten nicht per se zum Tragen kommen. Je nach Ausgestaltung der User-Interfaces, bei denen systematisch der Abstand von Objekten oder die Tiefe der Staffelung von Informationen variiert wurde, zeigte sich nur unter bestimmten Voraussetzungen ein Unterschied zwischen den 2D- und 3D-Bedingungen (Sassi et al., 2014; Martinez Escobar et al., 2015). So fanden sich auch Hinweise darauf, dass die Vorteile in der visuellen Wahrnehmungsleistung für die 3D-Bedingungen ausblieben (Ntuen

**Tabelle 2.7**  Befunde zu stereoskopischen Anzeigen in der Mensch-Maschine-Interaktion
Quelle: eigene Darstellung

| Studie | $N$ | Display-technologie | Kategorie | Befunde in 3D-Bedingungen |
|---|---|---|---|---|
| Sassi et al., 2014 | 36 | autostereoskopisch | Finden, Identifizieren, Klassifizieren von Objekten | − schnelles Finden eines Zielbildes bei „schwachen" Tiefeneffekt <br> − keine Verbesserung bei „mittlerem" Tiefeneffekt <br> − kein Unterschied für Bildqualität und Schärfe zu 2D-Bedingung <br> − gesteigerte Nützlichkeit und „Coolness" <br> − erhöhte Beanspruchung der Augen auf niedrigem Niveau |
| Sandbrink, Rhede, Vollrath & Flehmer, 2017 | 24 | autostereoskopisch | Finden, Identifizieren, Klassifizieren von Objekten | − höhere Wahrnehmungsleistung <br> − weniger Fehler und geringere mentale Beanspruchung <br> − Wahrnehmung wird bei besonders komplexen Aufgaben unterstützt |
| Martinez Escobar et al., 2015 | 44 | stereoskopisch | Position und/oder Distanz einschätzen | − höhere Wahrnehmungsleistung in „mittlerer" Parametrisierung |
| Mikkola, Boev & Gotchev, 2010 | 30 | autostereoskopisch | Position und/oder Distanz einschätzen | − höhere Geschwindigkeit und Genauigkeit einer Tiefenschätzung <br> − positiver Effekt auf User-Experience |
| Chen, Oden, Kenny & Merritt, 2010 Chen, Oden & Merritt, 2014 | 32 | stereoskopisch | Position und/oder Distanz einschätzen Navigation | − verbesserte Positions- und/oder Distanzeinschätzung <br> − keine negativen Effekte bezüglich Workload und Übelkeit |

et al., 2009) Über alle Studien hinweg muss beachtet werden, dass auch spezifische Gestaltung der grafischen Inhalte ein moderierender Faktor hinsichtlich der Wahrnehmungsleistung ist. Sind die Inhalte nur unzureichend auf die Möglichkeiten stereoskopischer Anzeigen ausgerichtet, so ist es möglich, dass keine oder nur minimale Verbesserung hinsichtlich der Wahrnehmung auftreten. Beispielsweise konnten Sando, Tory und Irani (2009, S. 75) sowie Dixon, Fitzhugh und Aleva (2009, 6ff.) beobachten, dass 2D-Monitore ähnliche oder sogar bessere Ergebnisse als stereoskopische Anzeigen bezüglich Nutzerorientierung oder relativer Positionseinschätzung erzielten, wenn eine erhöhte Perspektive verwendet wurde. Die Art der Gestaltung der Inhalte, wie die erwähnte Perspektive, besitzt somit einen wesentlichen Einfluss auf die Wahrnehmung von Abständen und Objektrelationen.

Das Beispiel zeigt, dass eine einheitliche Operationalisierung des Begriffs Leistung über die große Vielfalt der experimentellen Vergleiche zwischen 2D und 3D nicht möglich ist. Diesen Umstand unterstützen Tory und Möller (2004, S. 82) mit dem Argument, dass die Methoden zur Gestaltung von dreidimensionalen Oberflächen meist nur ad hoc für einen bestimmten Anwendungsfall angewendet werden und iterative Verbesserungen der Designs kaum vorgenommen wurden. Demzufolge ist es nach van Beurden et al. (2009, S. 11) erforderlich, eine kontrollierte experimentelle Forschung durchzuführen, um die Vorteile zu quantifizieren, die stereoskopische Displays in spezifischen Anwendungs-bereichen bieten können.

Weiterhin ist es möglich, dass Anwender bei unzureichender nutzergerechter Auslegung visuellen Diskomfort erfahren (McIntire et al., 2014, S. 20). In der von McIntre (ebenda) durchgeführten Metaanalyse konnte aufgrund unzureichender Beschreibung von Methode, Technologie oder den Ergebnissen keine generelle Aussage hinsichtlich der Ursachen getroffen werden. Demzufolge ist es notwendig detailliert, auf die spezifische Art der Erfassung von Tiefenreizen und den damit verwandten ergonomischen Faktoren von stereoskopischen Anzeigen einzugehen.

### 2.2.3   Ergonomische Betrachtungen zu stereoskopischen Anzeigen

Das Erfassen von Tiefeninformationen mit beiden Augen wird als Stereopsis oder Stereoskopie bezeichnet (Karnath, 2012, S. 63; Städtler, 1998, S. 1054). Es existieren vier grundlegende Arten von Tiefenreizen, die in einer zweidimensional aufgefassten Szenerie räumliche Tiefe vermitteln (Goldstein, 2015, S. 186): (a) Okulomotorische, (b) binokulare, (c) monokular statische und

(d) monokular bewegungsinduzierte Tiefenreize. Okulomotorische und binokulare Tiefenreize basieren auf physiologischen Prinzipien und werden durch die
biologische Funktionsweise der Augen extrahiert, wohingegen monokulare Hinweise als Informationen im zweidimensionalen Bild kodiert sind. Abbildung 2.14
gibt dazu einen Überblick über die Arten der Tiefenreize.

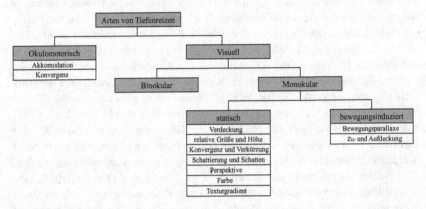

**Abbildung 2.14**  Arten von Tiefenreizen
Quelle: eigene Darstellung

Okulomotorische Tiefenreize basieren auf den motorischen Anpassungen der
Augen bei der Fixation von Objekten. Zwei, in Abbildung 2.15 dargestellte,
zusammenhängende muskuläre Vorgänge sind dabei relevant: die in Kapitel 0
beschriebene Akkommodation (1) der Augen für ein scharfes Sehen und die Konvergenz (2). Die Konvergenz bezeichnet das nach innen wenden der Augen bei
der Fokussierung eines nahen Objektes (Bruce, Green & Georgeson, 2010, S.
169 f.). Die Entfernung und Position von Objekten kann „bis zu einer Armlänge"
(Goldstein, 2015, S. 186) auf Basis der gefühlten Augenstellung ermittelt werden.

Binokulare Tiefenreize entstehen aus dem Abstand der beiden menschlichen
Augen von circa 63 mm (Dodgson, 2004, S. 38). Beide Augen erhalten durch
das Betrachten eines nahen Objektes zwei unterschiedliche Bilder, die durch
sensorische Fusion verschmelzen und somit einen Tiefeneindruck vermitteln
(Boothe, 2002, 273 ff.). Dies wird auch binokulare Disparation oder Querdisparität genannt (Hagendorf et al., 2011, S. 98). Zur Erklärung, wie Querdisparität zur
Wahrnehmung von Tiefenreizen führt, wird das Konzept korrespondierender Netzhautpunkte angewandt: Sind beide Augen auf ein Objekt an einem bestimmten

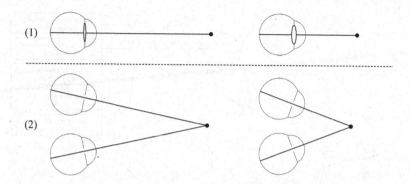

**Abbildung 2.15** Akkommodation und Konvergenz als okulomotorische Tiefenreize
Quelle: eigene Darstellung nach Bruce et al., 2010, S. 171

Punkt fixiert und fällt zugleich das Abbild des Objektes auf die gleichen Stellen der Netzhaut beider Augen, so entstehen korrespondierende Netzhautpunkte. Alle Punkte, die diese Eigenschaft haben, können auf einer, vom Fixationspunkt abhängigen, gedachten gekrümmten Linie, dem Horopterkreis, zusammengefasst werden (Goldstein, 2015, S. 192). In Abbildung 2.16 wird beispielsweise das Objekt A fixiert und auf der Netzhaut in Punkt a abgebildet. Die Objekte B und C liegen auf dem zu Objekt A gehörenden Horopter. Die Abbildungen auf der Netzhaut b und c haben den gleichen Abstand zu a und sind korrespondierend und werden auf einer Ebene wahrgenommen. Ein Objekt außerhalb des Horopter, wie C', erzeugt in der Abbildung auf der Netzhaut des linken Auges den Punkt c'. Damit wird ein disparater, nichtkorresponidierender Netzhautpunkt erzeugt. Der Abstand zwischen c und c' wird Querdisparität genannt und ermöglicht die Einschätzung über die Entferung zum Fixationspunkt. Somit wird die Tiefenwahrnehmung von Objekten im Raum ermöglicht (Lang, F. & Lang, 2007, S. 407; Goldstein, 2015, S. 194).

Die Fusionierung der beiden Bilder der Augen ist nur in einem bestimmten Bereich um den Horopterkreis herum möglich. Dieser Bereich wird als Panum-Areal definiert. Innerhalb des Bereiches erfolgt die sensorische Fusion der Bilder und ermöglicht das binokulare Tiefensehen (Boothe, 2002, S. 273). Objekte außerhalb des Areals werden doppelt gesehen, was zumeist aufgrund fehlender Aufmerksamkeit nicht bemerkt wird (Bruce et al., 2010, S. 175). Liegen die Objekte innerhalb des Areals, so kann die Lage des Objektes vor dem Horopter

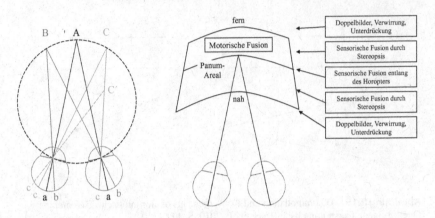

**Abbildung 2.16** Der Horopterkreis und das Panum-Areal
Quelle: links: eigene Darstellung nach Lang, F. & Lang, 2007, S. 407; rechts: Boothe, 2002, S. 275

(gekreuzte Disparation) beziehungsweise hinter dem Horopter (ungekreuzte Disparation) erkannt werden. Die Entfernung wird durch die Größe der Disparation interpretiert (Hagendorf et al., 2011, S. 104).

Binokulare Tiefenreize erklären auch das Phänomen, warum das in Sehtests verwendete Zufallsmusterstereogramm (englisch: „random-dot stereogram") eine Illusion von Tiefe erzeugt. Julesz (1960, S. 1126) erstellte aus Zufallsmustern dreidimensional wahrnehmbare Muster, in denen bei einem Stereobildpaar (je ein Bild für das linke und rechte Auge) die Zufallspunkte auf einem Bild minimal verschoben sind. Die Zufallspunkte korrespondieren auf diese Weise nicht mehr miteinander und ein Tiefeneindruck entsteht. Ein populäres Beispiel in der medizinischen Augenoptik ist der in Abbildung 2.17 gezeigte Lang-Stereotest, mit dem getestet werden kann, ob ein Mensch in der Lage ist, dreidimensionale Reize wahrzunehmen (Lang, J., 1982, S. 39 ff.; Fricke, T. R. & Siderov, 1997, S. 165).

Diese Art der Erzeugung von Tiefenreizen ist dabei unabhängig von den sogenannten monokularen Tiefenreizen. Monokulare Reize, auch bildhafte Hinweise genannt, können sowohl mit beiden, oder nur mit einem Auge wahrgenommen werden. Diese Hinweise können aus zweidimensionalen Bildern entnommen werden und ermöglichen eine relative Einschätzung der Tiefe zwischen zwei Punkten (Goldstein, 2015, S. 187). Anlage D gibt einen Überblick inklusive einer kurzen Beschreibung zu monokularen Tiefenreizen.

Alle vorgestellten Tiefenreize haben in Bezug auf die Wahrnehmung eine unterschiedliche Effektivität. Besonders effektiv sind binokulare Hinweise. Deren

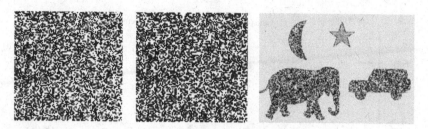

**Abbildung 2.17** Zufallsmusterstereogramm und wahrnehmbares Ergebnis des Stereotests II
Quelle: Bilder links Goldstein, 2010, S. 239; rechts: Osswald & Nüßgens, 2002, S. 271

Schwellwerte liegen um den Faktor zehn höher als monokulare Hinweise (McKee & Taylor, 2010, S. 11). Abbildung 2.18 zeigt ein von Nagata (1989, S. 15) erstelltes Modell zur Effektivität der Tiefenreize als Funktion zum Betrachterabstand. Das Modell wurde von Cutting und Vishton (1995, S. 80) erweitert und zeigt die Bedeutung binokularer Tiefenreize für den Nahbereich von weniger als zwei Metern. Weitere Einblicke in die Reichweiten, Effektstärken und Limitierungen von Tiefenreizen werden von Mehrabi et al. (2013, S. 97) erörtert und befinden sich als Übersicht in Tabelle AD50, Anlage D.

Die Funktionsweise der Tiefenwahrnehmung ist für den Einsatz von stereoskopischen Anzeigen von hoher Relevanz, da diese besonderen ergonomischen Anforderungen unterliegen. Mögliche Symptome bei der Verwendung stereoskopischer Anzeigen können beispielsweise visuelle Ermüdung oder Überanstrengung der Augen sein (vgl. Abschnitt 2.2.2). Diese sind auf die visuell induzierte Bewegungskrankheit oder auch „visually induced motion sickness" zurückzuführen (Tönnis, 2010, S. 84). Häufig verwendete Synonyme sind auch „virtual reality sickness" (VR sickness) oder „cyber sickness" (vgl. Fernandes & Feiner, 2016, S. 201; LaViola, 2000, S. 47) In älteren Studien wird häufig auch der Begriff „simulator sickness" angewendet (Kolasinski, 1995, S. 2). Typische Symptome können Kopfschmerzen, Schwindelgefühle, Desorientierung bis hin zu Übelkeit und Erbrechen sein. Diese sind mit denen der Reisekrankheit im Auto (Kinetose) vergleichbar, basieren jedoch auf einer visuellen Stimulation und weniger auf einer Störung des Gleichgewichtssinns (LaViola, 2000, S. 47).

Die Ursachen für visuell induzierte Bewegungskrankheiten können zum einen auf technologieinhärente Probleme, basierend auf dem Funktionsprinzip stereoskopischer Anzeigen, zurückgeführt werden und zum anderen auf die softwareseitige grafische Umsetzung der Inhalte. Technologieinhärent ist der Akkommodations-Konvergenz–Konflikt (Hopf, Buhrig, Ahlberg & Breuninger,

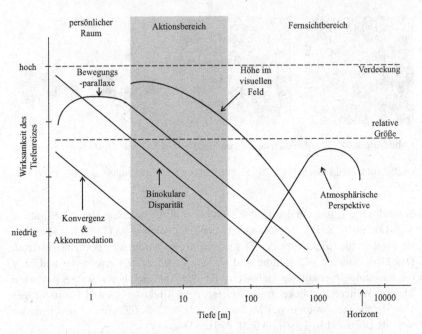

**Abbildung 2.18** Effektivität von Tiefenreizen als Funktion zum Betrachterabstand
Quelle: Cutting & Vishton, 1995, S. 80; Wickens & Hollands, 2010, S. 142; nach Nagata, 1989, S. 15

2015, S. 22), der bei allen stereoskopischen Anzeigen auftritt (Shibata et al., 2011, S. 1). In einer natürlichen Umgebung wird die Tiefenwahrnehmung durch die motorischen Anpassungen der Augen auf ein Objekt ermöglicht. Für ein scharfes Sehen wird das Objekt durch muskuläre Anpassung der Pupillen fixiert (Akkommodation) und die Augen drehen sich nach innen (Konvergenz). Beide Mechanismen passen sich dabei auf dieselbe Ebene an (Bruce et al., 2010, S. 169 f.). Bei der Betrachtung von stereoskopischen Anzeigen werden diese Mechanismen aufgrund der unterschiedlichen Entfernungen des Auges zu einer virtuellen Ebenen der realen Monitorebene voneinander entkoppelt. Abbildung 2.19 zeigt die unterschiedlichen Entfernungen (A) und (B), wenn die Augen für das scharfe Sehen auf den Monitor (A) zur Fixation akkommodieren, jedoch auf das virtuelle Objekt (B) konvergieren. Dadurch entsteht für den Betrachter von stereoskopischen Anzeigen ein erhöhter Diskomfort und es können die Symptome der visuell induzierten Bewegungskrankheit auftreten (Kooi & Toet, 2004, S. 100).

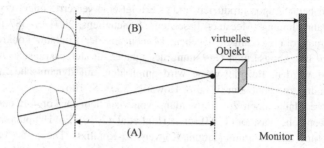

**Abbildung 2.19**  Der Akkommodation-Konvergenz-Konflikt
Quelle: eigene Darstellung

Eine weitere technologieinhärente Problematik stereoskopischer Anzeigen ist das technologisch schwer vermeidbare Übersprechen der Bilder für das linke und rechte Auge („Crosstalk"). Das bedeutet, dass das linke Auge Bilder wahrnimmt, die für das rechte Auge bestimmt sind und umgekehrt. Dadurch entstehen beispielsweise doppelte Konturen („Ghosting"), die zu Kopf- und Augenschmerzen führen (Kooi & Toet, 2004, S. 100). Weiterhin sind Bewegungen innerhalb stereoskopischer Anzeigen problematisch, wenn der Nutzer zusätzlich seine Sichtposition verändert. Diese Relativbewegungen entsprechen nicht den natürlichen Erfahrungen eines Menschen und führen somit zu einem erhöhten Diskomfort (Howarth, 2011, S. 114). Weiterhin führt eine unzureichende Implementierung der Technologie zu Problemen. Beispielsweise erzeugen unzureichende Bildwiederholraten ein Flackern und Ruckeln auf einem Monitor. Zudem führt ein fehlerhaftes Verfolgen des Betrachterstandpunkts zu Verzerrungen der angezeigten Inhalte (LaViola, 2000, S. 52). Weitere mögliche Einflussfaktoren sind das Kontrastvermögen und die Farbtreue des Monitors. Grundlegend sind diese technologischen Einschränkungen jedoch beherrschbar und können bei Aufrechterhaltung einer Komfortzone vermieden werden. In dieser Zone kann ein 3D-Effekt längere Zeit ohne ergonomische Beeinträchtigung erreicht werden (Shibata et al., 2011, S. 21). Diese Komfortzone kann durch eine softwareseitige nutzergerechte Gestaltung der Inhalte erreicht werden. Grundvoraussetzung für die anwendungsgerechte Auslegung sind jedoch fehlerfreie und perspektivisch korrekte Grunddaten aus Stereokamerasystemen oder einer 3D-Grafiksoftware (Ijsselsteijn, Seuntiens & Meesters, 2005, S. 218). Entstehen schon in der Produktion der Inhalte geometrische Deckungsfehler (Abweichungen zwischen rechtem und linkem Bild in Größe, Rotation oder Trapez-/Kissenverzerrungen) so werden widersprüchliche

Reize für beide Augen produziert und es erfolgt eine verzerrte oder verschwom-
mene Wahrnehmung (Meesters, Ijsselsteijn & Seuntiens, 2004, S. 387 ff.). Sind
diese Grundvoraussetzungen gegeben, können aus der Literatur konkrete Hinweise zur belastungsarmen Gestaltung der Inhalte für stereoskopische Anzeigen
extrahiert werden. Beispielsweise wird empfohlen, auf dynamische Inhalte in
Querrichtung zu verzichten (Ukai & Howarth, 2008, S. 106).

Weitere Maßnahmen zur Vermeidung von visuellem Diskomfort und Ermüdung geben dabei Pastoor (1993) sowie Hopf et al. (2015). Ein Hauptansatz ist die
Minimierung des Akkommodations-Konvergenz-Konflikts. Dieser besteht darin,
dass die in Abbildung 2.19 dargestellten Abstände zwischen dem Monitor und
der virtuellen Objektebene auf ein nutzergerechtes Minimum reduziert werden.

Grundsätzlich sind Menschen in der Lage, kleinste Tiefenunterschiede zwischen zwei Objekten zu detektieren. Dabei ist jedoch zu berücksichtigen, dass
die Werte oft nicht praktikabel für eine technische Anwendung sind. Tabelle 2.8
gibt dazu einen Überblick über empirisch erhobene Werte aus der Grundlagen-
forschung inklusive einer Einschätzung der Autoren zu deren Einsatzmöglichkeit.
Üblicherweise wird dazu der Wert der horizontalen Querdisparität oder des Ste-
reogrenzwinkels verwendet (DIN 5340:1998-04, S. 28). Anhand dieser Werte
ist es möglich, Anhaltspunkte für die beeinträchtigungsfreie Gestaltung von
dreidimensionalen Benutzeroberflächen abzuleiten.

**Tabelle 2.8** Sensorische Schwellenwerte der Wahrnehmung von Tiefenreizen
Quelle: eigene Darstellung

| Referenz | Einschätzung | Schwellenwert [°] |
|---|---|---|
| Read (2015, S. 7) | wahrnehmbares Minimum | 0,00060 |
| Goersch (1980, S. 19) | wahrnehmbares Minimum | 0,00278 |
| Diner und Fender (1993, S. 15) | Kompromiss | 0,00556 |
| Coutant und Westheimer (1993, S. 5) | praxistauglich (80,0 % Genauigkeit) | 0,00883 |
| Coutant und Westheimer (1993, S. 5) | praxistauglich (97,3 % Genauigkeit) | 0,03833 |

Aus der anwendungsorientierten Forschung konnten die in Tabelle 2.9 dargestellten Werte von Querdisparitäten extrahiert werden. Die Werte können sich

je nach Positionierung der virtuellen Ebene unterscheiden. Gekreuzte Angaben beziehen sich auf virtuelle Ebenen vor dem Monitor und ungekreuzte Werte auf die Ebenen dahinter.

**Tabelle 2.9** Empfohlene Grenzwerte von Querdisparitäten Quelle: ergänzte Darstellung nach Broy, N., 2016, S. 65

| Referenz | empfohlene Grenzwerte [°] | |
|---|---|---|
| | gekreuzt | ungekreuzt |
| Yeh & Silverstein, 1990 | 0,45 | 0,40 |
| Wöpking, 1995 | – | 0,58 |
| Jones, Lee, Holliman & Ezra, 2001 | 0,40–2,05 | 0,40–2,13 |
| Yano, Emoto & Mitsuhashi, 2004 | 0,82 | 0,82 |
| Lambooij et al., 2009 | 1,00 | 1,00 |
| Broy, N., 2016 | 0,60 | 0,60 |
| Weidner & Broll, 2017 | 1,05 | 1,01 |

Zur Berechnung belastungsarmer Grenzwerte kann weiterhin auf die Formeln von Shibata et al. (2011, S. 22) zurückgegriffen werden. Broy, N. (2016, S. 65) errechnete auf deren Basis Grenzwerte für typische Sichtabstände im Fahrzeug. Dabei ergab sich bei einem Abstand von 75 cm für gekreuzte Querdisparation ein Wert von 1,96 Grad und für ungekreuzte Querdisparation 2,2 Grad, womit diese Werte höher als die empfohlenen Grenzwerte sind. Experimentell konnte Broy, N. (2016, S. 71) diese Werte auf circa ± 0,6 Grad in Fahrzeugen eingrenzen. Generell wird jedoch die nach Lambooij et al. (2009, S. 5) zitierte 1-Grad-Regel für eine belastungsarme Gestaltung in der Wissenschaft akzeptiert (McIntire, Havig & Pinkus, 2015, S. 7).

Aus der großen Streuung der Werte zeigt sich ein besonderer Bedarf, spezifische Szenarien verstärkt empirisch zu betrachten, um eine belastungsarme Gestaltung für den Anwendungsfall sicherzustellen. Für eine praxistaugliche Anwendung müssen sowohl Interfacedesigner als auch technische Entwickler von autostereoskopischen Monitoren eine Vielzahl von Faktoren beachten und deren Parameter verstehen, um eine möglichst hohe Bildqualität zu erzeugen und Diskomfort bei stereoskopischen Anzeigen zu vermeiden (Shibata et al., 2011, S. 27). Für eine ausführlichere Betrachtung ergonomierelevanter Faktoren hinsichtlich stereoskopischer Anzeigen sei daher auf Meesters et al. (2004), Ukai und Howarth (2008), Howarth (2011), Bando, Iijima und Yano (2012) und Hopf et al. (2015)

verwiesen. Weiterhin findet sich eine Vielzahl von Studien zu Einzelaspekten der visuell induzierten Bewegungskrankheit. Dabei muss stets das verwendete spezifische technische System, mit dem die Erkenntnisse gewonnen wurden, in Betracht gezogen werden, da sich technologiebedingte Unterschiede ergeben können. Ijsselsteijn et al. (2005, S. 231) verweist dabei auf die Schwierigkeit, ein umfassendes stereoskopisches Bildqualitätsmodell zu entwickeln, das alle Faktoren hinsichtlich visueller Ermüdung und Diskomfort einbezieht. Es ist daher für wissenschaftliche Experimente unabdinglich, diese Konstrukte begleitend zu erheben. Zur methodischen Erfassung von visuellem Diskomfort und Ermüdung geben Lambooij et al. (2009, S. 9 ff.) einen Überblick über vorhandene Messinstrumente.

Weiterhin ist bei der Gestaltung von stereoskopischen Oberflächen darauf zu achten, eine Balance zwischen Leistung und Komfort zu erreichen, um die in Abschnitt 2.2.2 erwähnten positiven Befunde in der Wahrnehmung aufrecht zu erhalten. Wird die Querdisparität zur Minimierung des Akkommodation-Konvergenz-Konflikts zu stark minimiert, so nähert sich die dreidimensionale Darstellung einer zweidimensionalen Darstellung an und die Vorteile einer verbesserten Informationsaufnahme gehen verloren. Dabei zeigen sich sowohl Ober- als auch Untergrenzen. So konnten Sassi et al. (2014, S. 155) für das schnelle Suchen von Bildern gute Ergebnisse mit Werten von 0,04 bis 0,07 Grad Querdisparität erzielen, darüber hinaus (0,08 - 0,12 Grad) jedoch keine Verbesserung der Suchzeiten messen. Die Suchzeiten lagen dabei auf dem Niveau der 2D-Bedingung. Im Vergleich dazu berichten de la Rosa, S., Moraglia und Schneider (2008, S. 154), dass erst ab einem Schwellenwert von circa 0,1 Grad ein stabiles Niveau schneller Suchen auf stereoskopischen Anzeigen möglich ist. Unterhalb dieser Grenze wurden die Suchzeiten signifikant langsamer. In der Studie wurde jedoch kein Vergleich mit einem konventionellen Monitor durchgeführt. Diese teils widersprüchlichen Angaben sowie die fehlenden Befunde in Bezug auf die Art der Informationspräsentation (gestuft, ungestuft) demonstrieren den Forschungsbedarf hinsichtlich des Zusammenhangs von komfort- und leistungsorientierten Werten der Querdisparität.

Zur Erreichung einer hohen visuellen Wahrnehmungsleistung ist es daher wesentlich, die Vorteile stereoskopischer Anwendungen mit den ergonomischen Kosten in Einklang zu bringen, was die Grundlage für die erläuterten Anforderungen an moderne Fahrerassistenzentwicklung nach einer optimierten visuellen Assistenz sein muss (vgl. Abschnitt 2.1.4). Folglich gilt es für das Praxisfeld der Fahrer-Fahrzeug-Interaktion die ergonomische Beeinträchtigungsfreiheit und visuelle Wahrnehmungsleistung auf stereoskopischen Anzeigen gemeinsam in den Fokus des empirischen Vorgehens der Arbeit zu stellen und die folgenden Forschungsfragen zu beantworten:

*F1:*    *Wie müssen die Parameter stereoskopischer Tiefe für Benutzeroberflä-*
        *chen gestaltet sein, um eine hohe visuelle Wahrnehmungsleistung unter*
        *Berücksichtigung der ergonomischen Beeinträchtigungsfreiheit zu erzielen?*

*F2:*    *Existieren grundlegende Unterschiede hinsichtlich einer hohen visuellen*
        *Wahrnehmungsleistung zwischen gestuften und stufenlosen Darstellungen*
        *in Bezug auf die Parameter der stereoskopischen Tiefe?*

Im nächsten Kapitel soll der Lösungsansatz der stereoskopischen Anzeigen im
spezifischen Anwendungsfeld der Fahrer-Fahrzeug-Interaktion betrachtet werden.


## 2.2.4    Autostereoskopische Monitore in der Fahrer-Fahrzeug-Interaktion

Autostereoskopische Monitore wurden dadurch definiert, dass diese keine weiteren Hilfsmittel zur Betrachtung dreidimensionaler Inhalte benötigen (vgl.
Abschnitt 2.2) und somit für eine Anwendung im Fahrzeuginnenraum geeignet sind. Funktional relevante Orte, an denen autostereoskopische Monitore
zum Einsatz kommen können, sind in Abbildung 2.20 als blau eingefärbte
Bereiche dargestellt. Diese können je nach Hersteller in Position und Größe
variieren. Der Bereich A markiert dabei den Ort der Instrumententafel. Haupt-
aufgabe der Anzeige ist die Darstellung von fahrrelevanten Fahrzeugzuständen
wie Geschwindigkeit, Zustands- und Warnmeldungen oder des Bordcomputers
nahe der Hauptsichtlinie des Fahrers (Abel et al., 2016, S. 1010; Knoll, 2015,
S. 660). Moderne Kombiinstrumente sind bezüglich der Inhalte frei gestaltbar
und erlauben eine dynamische Adaption an spezifische Verkehrssituationen. Teilweise können diese vom Nutzer auch individualisiert werden (Roßner, Schubert
& Dittrich, 2017, S. 1 ff.).

Ein weiterer möglicher Bereich für autostereoskopische Anzeigen stellt der
Zentralbildschirm in der Mittelkonsole dar (Bereich B in Abbildung 2.20). Über
diese Zentralanzeige werden Funktionen und Bedienung von Klima-, Navigations-
oder auch Multimediaanwendungen umgesetzt.

Generelle Einsatzszenarien stereoskopischer Darstellungen sind alle FAS/FIS,
die ein optisches Interface als MMS verwenden. Im Folgenden sollen exemplarische FAS/FIS-Anwendungen vorgestellt werden, in denen stereoskopische
Darstellungen Vorteile bieten können. Das Kombiinstrument besitzt für die primäre Fahraufgabe eine hohe Bedeutung, da über diese Anzeige quantifizierbare
Informationen über den Fahrzeugzustand an den Fahrer kommuniziert werden (Broy, N., 2016, 169 f.). Aufgrund der Häufigkeit, mit der Fahrer diese

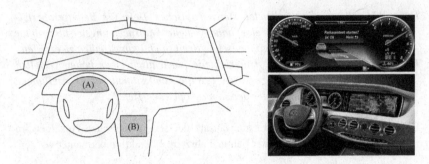

**Abbildung 2.20** Typische Anordnung der Instrumentierung im Fahrzeuginnenraum mit Beispielen
Quelle: links: nach DIN EN ISO 15007-1:2014, Anhang A: rechts oben: Kombi – Continental AG; aus Pischinger & Seiffert, 2016, S. 1011: rechts unten: Infotainmentsystem – Daimler AG; aus Knoll, 2015, S. 666

Informationen daraus extrahieren, ergibt sich für eine Optimierung der Wahrnehmungsleistung für einen Fahrer das größte Potential. Permanent werden bei einer Fahrt Informationen zum Fahrzeugzustand über das Kombiinstrument aufgenommen. Dabei beträgt die durchschnittliche Blickabwendungs-dauer durchschnittlich circa zwei Sekunden und es werden für das Erkennen einer Information auf einer Anzeige zwei Blicke aufgewendet (Metz, 2009, S. 20). Stereoskopische Anzeigen können also den Fahrer dabei unterstützen, die zunehmend komplexer gestalteten Informationsdesigns schneller zu erfassen und relevante Informationen zuverlässiger zu extrahieren (Szczerba & Hersberger, 2014, S. 1188).

Dieser Vorteil kann weiterhin für Navigationsgeräte verwendet werden. Diese Systeme werden typischerweise auf dem Zentralbildschirm in der Mittelkonsole angezeigt. Zunehmend werden auch Elemente der Navigationsassistenz im Kombiinstrument angezeigt (vgl. Abbildung 2.21). Im Zielführungsmodus der Navigationsanzeige kommen je nach technischer Auslegung dreidimensionale Ansichten zum Einsatz. Die Darstellung der virtuellen Karte kann auf stereoskopischen Anzeigen einen stufenlosen Tiefeneffekt erzeugen, wobei Informationselemente abgesetzt dargestellt werden können. Ein weiteres potenzielles Einsatzszenario ist die Gruppe der Kreuzungsassistenten. Ausgelegt als optisch informierendes System können dreidimensionale Darstellungen die Situationsbewertung einer Kreuzung vereinfachen oder die Detektion nicht sichtbarer Verkehrsteilnehmer ermöglichen (Winner et al., 2015, 714 f.). In einer stereoskopischen Darstellung können durch den Nutzer die Relationen von Objekten und Abständen besser eingeschätzt werden. Diese Vorteile können weiterhin für Einparkhilfen und Rückfahrkameras angewendet werden.

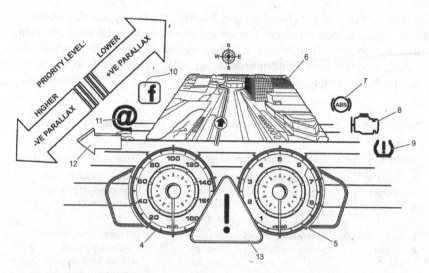

**Abbildung 2.21** Patentauszug zu einer dreidimensionalen Instrumententafel im Fahrzeug Quelle: Hasedžić & Skrypchuk, 2014, S. 3

Erste Ansätze zum Einsatz von autostereoskopische Monitoren findet sich in den Überlegungen des britischen Automobilherstellers Jaguar Land Rover Ltd. wieder (Hasedžić & Skrypchuk, 2014). Die in Abbildung 2.21 dargestellte Patentschrift demonstriert den Einsatz von autostereoskopischen Monitoren in Fahrzeugen und zeigt ein Kombiinstrument in Kombination mit einer Navigationsanwendung. Es kommen dabei beide grundlegende Techniken zur dreidimensionalen Anzeige von Informationen zum Einsatz: das gestufte Absetzen von Oberflächenelementen und die stufenlose Darstellung. Fahrzeugzustandsinformationen, wie die Motorkontrollleuchte oder die Reifendruckleuchte oder das Warnsymbol werden auf unterschiedlichen Tiefenebenen, je nach Dringlichkeit und Priorität, dargestellt. Die stufenlose Darstellung der Navigationsanzeige erlaubt dem Fahrer, sich besser in seiner Umwelt zurechtzufinden und die Position des Fahrzeuges in Bezug auf Kreuzungen besser einzuschätzen. Zweck dieses Systems ist es, den Fahrer zu unterstützen, wenn eine Vielzahl von Informationen auf der Instrumententafel angezeigt wird und die Gefahr besteht, dringliche Informationen zu übersehen und zu verpassen, insbesondere dann, wenn komplexe und zeitkritische Situationen durchfahren werden (Hasedžić & Skrypchuk, 2014, S. 4 ff.).

Die im Patent getroffenen Aussagen hinsichtlich einer optimierten Assistenz sind empirisch nicht hinterlegt, können jedoch aus weiterer Literatur extrahiert werden. Tabelle 2.10 stellt dazu die Hauptergebnisse von Studien vor, die ein (auto-)stereoskopisches Kombiinstrument als MMS anwenden. Eine detaillierte Beschreibung der Studien findet sich in Anlage B.

**Tabelle 2.10**  Befunde zu stereoskopischen Anzeigen in der Fahrer-Fahrzeug-Interaktion Quelle: McIntire et al., 2014, S. 21

| Studie | $N$ | Display-technologie | Kategorie | Befunde in 3D-Bedingungen |
|---|---|---|---|---|
| Szczerba & Hersberger, 2014 | 16 | autostereoskopisch | Finden, Identifizieren, Klassifizieren von Objekten | – kürzere Suchzeiten für korrekt aufgefundene Kontrollleuchten |
| Broy, N. et al., 2014 | 56 | stereoskopisch und autostereoskopisch | Position und/oder Distanz einschätzen, Finden, Identifizieren, Klassifizieren von Objekten | – effizientere Bearbeitung der Zweitaufgabe<br>– kein Nachteil in Fahrzeugführung, Blickverhalten, körperliche Beschwerden<br>– Steigerung der Intuitivität<br>– erhöhte mentale Beanspruchung |
| Broy, N., Schneegass et al., 2015 | 15 | autostereoskopisch | Finden, Identifizieren, Klassifizieren von Objekten | – hohe pragmatische und hedonische Qualität, Attraktivität und Akzeptanz |
| Broy, N., Guo, Schneegass, Pfleging & Alt, 2015 | 32 | Autostereoskopisch | Finden, Identifizieren, Klassifizieren von Objekten | – keine verbesserte Wahrnehmungsleistung<br>– kein Vorteil für die wahrgenommene „Dringlichkeit" von Warnungen<br>– kein Nachteil für mentale Beanspruchung und Blickverhalten |
| Pitts et al., 2015 | 27 | Autostereoskopisch | Finden, Identifizieren, Klassifizieren von Objekten | – höhere Leistung bei Enkodierung von Informationen |

Zusammengefasst zeigen sich auch im Anwendungsfeld der Fahrer-Fahrzeug-Interaktion die weitestgehend positiven Effekte auf die visuelle Wahrnehmungsleistung. Ohne Ausführung einer Fahraufgabe konnten Szczerba und Hersberger (2014) Hinweise auf kürzere Suchzeiten bei der Anwendung von autostereoskopischen Monitoren finden. Broy, N., Alt, Schneegass und Pfleging (2014) fanden Hinweise auf eine effizientere Bearbeitung von Zweitaufgaben während des Fahrens. Jedoch konnten keine positiven Effekte für die eigentliche Fahrzeugführung oder das Blickverhalten gefunden werden. Ähnliche Ergebnisse konnten Pitts, Hasedžić, Skrypchuk, Attridge und Williams (2015) nachweisen.

Neben einer guten Bewertung der Intuitivität und Attraktivität (Broy, N. et al., 2014; Broy, N., Schneegass, Guo, Alt & Schmidt, 2015) zeigten sich auch ergonomische Beeinträchtigungen. Diese Beeinträchtigungen können die in den Studien (siehe Tabelle 2.10) nachgewiesene erhöhte mentale Beanspruchung sowie eine beschleunigte visuelle Ermüdung sein (Broy, N. et al., 2014; Pitts et al., 2015). Generell zieht Broy, N. (2016, S. 252) aus ihren Studien den Schluss, dass eine Eignung von stereoskopischen Darstellungen für Kombiinstrumente erst dann vorliegt, wenn alle auftretenden ergonomischen Einschränkungen beachtet werden.

Es ist jedoch essenziell, dass die Betrachtung stereoskopischer Anzeigen beeinträchtigungsfrei erfolgt und der Fahrer visuell nicht überbeansprucht wird. Der Einsatz im Fahrzeug muss demzufolge aus ergonomischer Sichtweise mit einem Grundsatzkatalog für die Gestaltung der MMS in Kraftfahrzeugen konform sein. Grundlage für alle Entwicklungen von FAS/FIS in Europa sind die Empfehlungen der europäischen Kommission „für alle bordeigenen Informations- und Kommunikationssysteme, die der Fahrer während der Fahrt nutzen kann" (Europäische Kommission, 2008, S. 3 ff.). Neben den gesetzlich geltenden Bestimmungen und Normen gilt auch der 2006 entwickelte Grundsatzkatalog mit den folgenden Entwicklungszielen:

I:    *Das System ist so zu gestalten, dass es den Fahrer unterstützt und nicht zu einem potenziell gefährdenden Verhalten des Fahrers oder anderer Verkehrsteilnehmer Anlass gibt.*

II:   *Die Aufteilung der Aufmerksamkeit des Fahrers während der Interaktion mit Anzeigen und Bedienteilen des Systems bleibt mit dem in der jeweiligen Verkehrssituation gegebenen Aufmerksamkeitsbedarf vereinbar.*

III:  *Das System lenkt nicht ab und dient nicht zur visuellen Unterhaltung des Fahrers.*

*IV:*   *Das System zeigt dem Fahrer keine Informationen an, die ein möglicherweise*
       *gefährliches Verhalten für den Fahrer oder andere Verkehrsteilnehmer zur*
       *Folge haben könnten.*
*V:*    *Schnittstellen und Schnittstellen mit Systemen, die zur gleichzeitigen Nutzung*
       *durch den Fahrer während der Fahrt vorgesehen sind, müssen einheitlich und*
       *kompatibel gestaltet sein.*

aus Europäische Kommission, 2008, S. 7 f.

Weiterhin gilt für die Gestaltung von angezeigten Informationen, dass diese schnell erfassbar sein müssen, um das Fahrverhalten nicht zu beeinträchtigen, und die Inhalte geläufigen Normen entsprechen sollten. Es werden zudem Empfehlungen zum Zeitpunkt und der Priorisierung von Warnungen gegeben. Diese EU-Richtlinien wurden unter der Annahme zukünftiger innovativer FAS/FIS allgemein gehalten und stellen ergänzend zu den geltenden Normen Mindestanforderungen auf hoher Ebene dar. Weiterhin wurde eine Offenheit gewahrt, um die Möglichkeit einer herstellertypischen Differenzierbarkeit der zu entwickelnden Systeme zu ermöglichen (Stevens, 2009, S. 402; Gasser et al., 2015, S. 33).

Konkretere Angaben, vor allem hinsichtlich der potenziellen Blickabwendung, finden sich in den Richtlinien der Alliance of Automobile Manufacturers (AAM), die auf den Empfehlungen der Europäischem Kommission basieren (Green, P., 2009, S. 450). Ein Kriterium für FAS/FIS mit optischen Displays besagt, dass Einzelblickabwendungen in 85 % aller Fälle die Länge von zwei Sekunden nicht überschreiten und die Gesamtdauer der Blickabwendung für die gesamte Aufgabe, wie die Eingabe eines Navigationsziels, nicht länger als 20 Sekunden dauern sollten. (AAM, 2006, S. 39). Ein Zeitwert der von der NHTSA (2010b, S. 37) 2010 wiederum auf 12 Sekunden herabgesetzt wurde. Neben der Erfassung von Blickabwendungszeiten stehen zur Messung der Ablenkungswirkung der MMS von FAS/FIS die Kontrolle des lateralen Spurabstands während des Fahrens sowie die Qualität des Fahrens in Folgefahrten zur Verfügung (AAM, 2006, S. 39). Weiterhin können seitliche Spurübertretungen oder die Varianz des Abstandes zum Vordermann gemessen werden. Jedoch geben die AAM-Richtlinien analog zu den EU-Entwicklungszielen für diese Art der Messung keine konkreten Angaben vor[9].

---

[9]Der Vollständigkeit halber sei an dieser Stelle noch ergänzend auf weitere Richtlinien aus den USA und Japan hingewiesen. Eine Übersicht über die Richtlinien, deren Ansätze und enthaltenen Bestimmungen sowie einen internationalen Vergleich der nationalen Regelungen geben dazu Stevens (2009, S. 395 ff.), Burns (2009, S. 411 ff.) sowie Akamatsu (2009, S. 425 ff.).

Entgegen der Kritik, dass die vorgestellten allgemein formulierten Entwicklungsziele typischerweise nur wenige konkrete, operationalisierbare Systemgrenzen für die Gestaltung von MMS für FAS/FIS enthalten, erscheinen nach Expertenmeinung solch pragmatisch formulierte Ansätze am sinnvollsten (Stevens, 2009, S. 409), was jedoch eine Erweiterung um konkrete Angaben in Zukunft nicht ausschließt. Stevens (ebenda) führt dazu aus, dass wissenschaftliche Erkenntnisse und der allgemeine Konsens in Hinsicht auf die möglichen Gefahren, die von MMS für FIS/FAS ausgehen, eine sensible Interpretation quantitativer Ergebnisse hinsichtlich der Sicherheitsrelevanz auf Basis der (europäischen) Entwicklungsziele gestatten. Weiterhin ist zu bedenken, dass die Vielzahl der domänenspezifischen Methoden, wie Labor- und Fahrsimulatorexperimente, Realfahrten sowie Untersuchungen mit natürlicher Fahrerbeobachtung, eine integrierte Methode über alle Systeme, Fahrsituationen und Aufgaben zur Generierung vergleichbarer Ergebnisse schwer bis unmöglich macht.

Ein allgemeiner Ansatz in Hinsicht auf die moderne Fahrerassistenzentwicklung besteht jedoch darin, die Auswirkungen von FAS/FIS auf den Menschen ganzheitlich zu betrachten. Methodisch sinnvoll ist beispielsweise der Vergleich von Einzelaufgaben beziehungsweise der Einfluss einer Aufgabe auf die andere. Durch die Aufnahme einer Baseline (Norm) kann qualitativ (bspw., wie viele Fehler bei der Bedienung auftreten) oder quantitativ (bspw. durch Reaktionszeiten) gemessen werden, wie gut eine Einzel-aufgabe erfüllt wurde. Wird nun die zweite Aufgabe hinzugenommen, zeigt sich durch die wiederholte Messung, bis zu welchem Grad diese Aufgaben mit einander interferieren und ob gestalterische Maßnahmen hinsichtlich der Erst- oder Zweitaufgabe zu einer Verbesserung der Mehrfachaufgabenperformanz beitragen (Wickens & Hollands, 2010, S. 440). Eine Abwandlung dieses Ansatzes ist das in Abbildung 2.22 dargestellte Messen der Arbeitsbelastung einer Einzelaufgabe durch das absichtliche Hinzufügen einer Zweitaufgabe, falls die Einzeltätigkeit unterhalb der Kapazitätsschwelle liegt. Bei einer konstant gehaltenen Zweitaufgabe kann so abgeschätzt werden, wie schwierig eine Einzelaufgabe ist (O'Donnell & Eggemeier, 1986, S. 25). Grundlegende Möglichkeiten zur Operationalisierung der mentalen Arbeitsbelastung sind neben der Messung der Bedienerperformanz (Reaktionszeiten oder Qualität der Aufgabe) das Messen physiologischer Kenngrößen (bspw. Pupillendurchmesser; Kahneman & Beatty, 1966, S. 1583 ff.; Kahneman, Beatty & Pollack, 1967, S. 218 ff.) oder das Erheben der subjektiven Arbeitsbelastung (Fragebogen NASA-TLX von Hart & Staveland, 1988, S. 179).

Zusammenfassend ist zu sagen, dass ein pragmatischer Ansatz für die Entwicklung von FAS/FIS darin besteht, bestehende Richtlinien während der Entwicklung

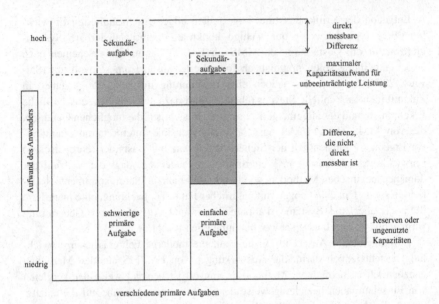

**Abbildung 2.22**  Verwendung einer Zweitaufgabe zur Messung der Erstaufgabenperformanz
Quelle: O'Donnell & Eggemeier, 1986, S. 25

weitestgehend zu berücksichtigen und eine strukturierte und umfassende nutzerorientierte Evaluierungen durchzuführen (Stevens, 2009, S. 409). Dabei ist zu beachten, dass es nicht möglich ist, mittels eines einzigen, kostengünstigen Tests die (Ablenkungs-)Wirkung von FAS/FIS zu bewerten, da stets visuelle, auditive, kognitive und psychomotorische Beanspruchungen erfolgen, die separate Methoden und Vorgehen erfordern (Green, P., 2009, S. 456 f.). In jedem Fall ist es bedeutsam, die Domäne der Fahrer-Fahrzeug-Interaktion zu beherrschen und die spezifischen gestalterischen Anforderungen für zu entwickelnde Systeme in den Kontext der Richtlinien und bestehender wissenschaftlicher Erkenntnisse zu setzen. Für den vorliegenden Anwendungsfall der Arbeit gilt es daher, die spezifischen ergonomischen Anforderungen autostereoskopischer Monitore in Kombination mit den erläuterten Anforderungen von FAS/FIS-Anwendungen zu berücksichtigen und einer strukturierten empirischen Untersuchung zuzuführen. Aus den Erörterungen ergibt sich somit die Forschungsfrage, wie sich autostereoskopische Monitore als MMS in FAS/FIS-Anwendungen auf das Leistungsvermögen zur Informationsaufnahme auswirken und welche Vorteile sich für die Fahrer-Fahrzeug-Interaktion ergeben. Darüber hinaus muss weiterführend betrachtet werden, wie die spezifischen ergonomischen Herausforderungen der Technologie in einem ganzheitlichen methodischen Design untersucht werden können, um generelle Aussagen hinsichtlich der Eignung autostereoskopischer Monitore im Fahrzeugkontext zu treffen.

F3:   *Welche Aussagen können hinsichtlich der Ausprägung der Unterstützung durch autostereoskopische Monitore in FAS/FIS-Anwendungen getroffen werden?*

## 2.2.5  Zusammenfassung des Kapitels

Auf Basis der fortschreitenden technologischen Weiterentwicklung von 3D-Technologien existieren autostereoskopische Monitore, die einen technologisch ermöglichten Tiefeneindruck ohne weitere Hilfsmittel erzeugen. Dadurch ist die Möglichkeit gegeben, Informationen und Bildschirmobjekte anhand der Tiefe zu kodieren und die visuelle Ordnung der Inhalte zu erhöhen. Einzelne Objekte sind dadurch besser zu unterscheiden und erleichtern deren Wahrnehmung. Abschnitt 2.2.1 diskutiert dazu die grundlegende Funktionsweise dieser Monitore und stellte die grundlegenden Arten der Informationspräsentation auf stereoskopischen Anzeigen vor.

Die Möglichkeit der Optimierung von MMS durch stereoskopische Anzeigen steht im steten Fokus empirischer Forschung. Abschnitt 2.2.2 gibt einen Überblick über Vorteile in der allgemeinen Mensch-Maschine-Interaktion als auch zu Vorteilen im spezifischen Feld der Fahrer-Fahrzeug-Interaktion. Wissenschaftliche Studien zeigten dabei Vorteile für Aufgaben auf, in denen Benutzer stereoskopischer Anzeigen Position und/oder Distanzen auf den Anzeigegeräten einschätzen sollten. Weiterhin ergaben sich Vorteile für Navigationsaufgaben sowie das Finden, Identifizieren, Klassifizieren von Objekten. In dieser Kategorie wurde gezeigt, dass stereoskopische Anzeigen einen weitestgehend positiven Effekt auf die visuelle Wahrnehmungsleistung haben und grundlegend für die Anwendung als MMS in FAS/FIS geeignet sind. Es konnte jedoch nur eine Studie in der Kategorie Position und/oder Distanz im FAS/FIS-Kontext belegt werden (stufenlosen Tiefendarstellung als „Puppentheater"). Diese Art der Darstellung wurde lediglich von Broy, N. et al. (2014, S. 4) als abstrakte Darstellung einer vorausliegenden Straße innerhalb eines Kombiinstrumentes angewandt.

Aus den Studien geht weiterhin hervor, dass stereoskopische Anzeigen besondere ergonomische Anforderungen unterliegen. Abschnitt 2.2.3 betrachtet diese im Detail und erläuterte als möglichen Ansatz zur Sicherstellung der ergonomischen Beeinträchtigungsfreiheit die Minimierung des Akkommodations-Konvergenz-Konflikts. Es zeigt sich jedoch die Kontroverse, Diskomfort zu vermeiden, ohne die Vorteile stereoskopischer Darstellung zu negieren. Werden die Parameter der stereoskopischen Tiefe zu stark minimiert, wird das korrekte Finden, Identifizieren, Klassifizieren von Informationen in kurzen Zeitabständen („ein Blick") erschwert. Die sichere Detektion ist jedoch von hoher Relevanz für die Fahrer-Fahrzeug-Interaktion und erfordert somit eine vertiefte empirische Betrachtung. Zudem existieren Forschungslücken im Zusammenhang variierter Querdisparitäten und visueller Wahrnehmungsleistung, der in der Literatur nur unzureichend diskutiert ist (Ntuen et al., 2009, S. 395).

Abschnitt 2.2.4 zeigt im weiteren Verlauf Anwendungsszenarien von 3D-Anzeigen im Fahrzeug als FAS/FIS-Anwendung auf. Mögliche Anwendungen können dreidimensionale Kombiinstrumente und Navigationsgeräte sein. Weiterhin können stereoskopische Darstellungen auf Kreuzungsassistenten, Einparkhilfen oder Rück-fahrkameras angewendet werden. Anhand dieser Anwendungen kann eine Adaption der Vorteile autostereoskopischer Monitore auf den Anwendungsfall von FAS/FIS erfolgen. Jedoch ist es für eine Anwendung im Fahrzeug notwendig, dass diese den Fahrer nicht ablenken, nicht überbeanspruchen oder stören (Winner, Hakuli, Lotz & Singer, 2015, S. 629). Entsprechend wurden abschließend zur Sicherstellung einer praxistauglichen Anwendung die grundlegenden Richtlinien der Gestaltung von FAS/FIS vorgestellt.

## 2.3    Fazit

Der Stand der Wissenschaft und Technik zeigt den Zusammenhang der Fahrer-Fahrzeug-Interaktion mit den spezifischen Problemstellungen der Wahrnehmung, insbesondere der Fahrerinformationsaufnahme und des Lösungsansatzes eines autostereoskopischen Monitors als MMS auf. Aufbauend auf der Hauptthese der Arbeit, dass autostereoskopische Monitore den Fahrer in der Informationsaufnahme besser unterstützen können als herkömmliche zweidimensionale Anzeigen, kann der generelle Lösungsansatz anhand des TCI-Modells und des Modells der limitierten Kapazitäten der Fahrerinformationsverarbeitung erläutert werden. Wesentlich für das in Abbildung 2.6 dargestellte TCI-Modell nach Fuller (2000, S. 48 ff.) ist die Erkenntnis, dass Aufgabenanforderungen an die Fahraufgabe durch technische Systeme herabgesetzt werden können und somit das Leistungsvermögen des Fahrers für die Bearbeitung der Fahraufgabe erhöht wird (Fricke, N., 2009, S. 19). Entsprechend wurde die Entwicklung von FAS/FIS vorgenommen, die den Fahrer bei der Ausführung der Fahraufgabe unterstützen. Diese Art der Fahrerunterstützung durch (teil-)automatisierte Systeme findet sich auch im Modell der limitierten Kapazitäten der Fahrerinformationsverarbeitung von Shinar (2007, S. 66) wieder. Jedoch bietet das in Abbildung 2.8 dargestellte Modell noch einen weiteren elementaren Ansatzpunkt: die Optimierung der Anzeigen im Fahrzeuginnenraum.

Dem Lösungsansatz, die Ablenkung durch FIS/FAS durch optimierte MMS zu verringern, wird eine gute Effektivität zugesprochen (Vollrath et al., 2015, S. 77), jedoch ist festzustellen, dass der Freiheitsgrad dieser Optimierungen lediglich auf zwei Dimensionen beschränkt ist. Informationen können auf 2D-Monitoren lediglich auf einer Ebene angeordnet und durch Farbe, Form, Größe oder Symbolik semantisch kodiert werden. Autostereoskopische Monitore bieten durch die wahrnehmbare Tiefe ein weiteres Merkmal mit den Informationen kodiert werden können. Auf Basis des Modells zu optischen Anzeigen von Wickens et al. (1997, S. 224) bietet diese Technologie damit die Möglichkeit, die Wahrnehmung zu erleichtern und den Fahrer bei der Erfassung von relevanten Informationen zu unterstützen. Dem Fahrer steht dadurch ein größeres Zeitfenster zur Erfassung von Informationen außerhalb des Fahrzeugs zu Verfügung, was in Folge einen direkten Beitrag zur Unfallvermeidung und Verkehrssicherheit leistet.

Um mögliche ergonomische Beeinträchtigungen von autostereoskopischen Anzeigen zu begegnen, wurde die besondere Relevanz des Akkommodations-Konvergenz-Konflikts als eine der Hauptursachen für visuelle Ermüdung und Diskomfort diskutiert. Ansatzpunkt ist dabei den Effekt der wahrnehmbaren Tiefe innerhalb einer Komfortzone zu gestalten (Shibata et al., 2011, S. 21). In diesem Rahmen wurde die Kontroverse dargestellt, visuellen Diskomfort zu vermeiden, ohne die Vorteile von stereoskopischen Darstellungen zu negieren, wenn die wahrnehmbare Tiefe zu stark minimiert wird. Dabei zeigte sich die Forschungslücke in der Untersuchung von unterschiedlich präsentierten Tiefen und der quantitativen und qualitativen visuellen Wahrnehmungsleistung von Anwendern (Ntuen et al., 2009, S. 395).

Zur Sicherstellung der Eignung autostereoskopische Monitore im Fahrzeug müssen die Themenbereiche „ergonomische Beeinträchtigungsfreiheit" und „Wahrnehmungs-leistung" (vgl. Abschnitt 2.2.3) in Relation mit der Anwendung „autostereoskopischer Monitor als MMS von FAS/FIS" gesetzt werden (vgl. Abschnitt 2.1.4). Diese Konstrukte müssen an die grundlegenden Kriterien der Fahrer-Fahrzeug-Interaktion und der Produktergonomie angelehnt werden und in einem ganzheitlichen Forschungsdesign abgebildet werden (vgl. DIN EN ISO 26800:2011, S. 11). Es gilt dabei die folgenden drei Forschungsfragen im Kontext der Fahrer-Fahrzeug-Interaktion zu beantworten:

*F1:*    *Wie müssen die Parameter stereoskopischer Tiefe für Benutzeroberflä-*
        *chen gestaltet sein, um eine hohe visuelle Wahrnehmungsleistung unter*
        *Berücksichtigung der ergonomischen Beeinträchtigungsfreiheit zu erzielen?*

*F2:*    *Existieren grundlegende Unterschiede hinsichtlich einer hohen visuellen*
        *Wahrnehmungsleistung zwischen gestuften und stufenlosen Darstellungen*
        *in Bezug auf die Parameter der stereoskopischen Tiefe?*

*F3:*    *Welche Aussagen können hinsichtlich der Ausprägung der Unterstützung*
        *durch autostereoskopische Monitore in FAS/FIS-Anwendungen getroffen*
        *werden?*

Die erste Forschungsfrage erörtert dabei die Kontroverse, visuellen Diskomfort zu vermeiden, ohne die Vorteile von stereoskopischen Darstellungen zu
negieren. Damit werden zum einen die grundlegenden Anforderungen an die
ergonomische Gestaltung von FAS/FIS sowie deren Effektivität und Effizienz
adressiert, als auch die grundlegenden ergonomischen Anforderungen an stereoskopische Darstellungen hinsichtlich der potenziellen visuellen Ermüdung des
Fahrers berücksichtigt Die zweite Forschungsfrage soll die Effekte der unterschiedlichen Darstellungsarten (gestuft/stufenlos) auf ergonomische Parameter der
stereoskopischen Tiefe untersuchen und damit Implikationen für die Gestaltung
von Benutzeroberflächen für unterschiedliche FIS/FAS Anwendungen liefern. Die
dritte Forschungsfrage soll dahingehend Erkenntnisse generieren, in welcher Art
und Weise autostereoskopische Monitore im Anwendungsfall unterstützen.

# Empirische Untersuchungen

3

Im vorliegenden Kapitel wird zunächst das grundlegende methodische Versuchsdesign der geplanten Studien sowie die allgemeine methodische Basis vorgestellt. Anschließend erfolgt die Berichterstattung zu den jeweiligen Einzelstudien „Raumempfinden", „Wahrnehmungsleistung" und „Fahrsimulator". Dabei wird zu jeder Studie eine detaillierte Beschreibung der dahinterliegenden Intention, dem Versuchsdesign sowie dem Versuchsablauf wiedergegeben. Weiterhin erfolgt die Beschreibung der verwendeten Materialien, des Aufbaus und der jeweiligen Datenaufbereitung inklusive der ausführlichen Ergebnisberichte. Jede Studie beinhaltet eine spezifische Diskussion der Ergebnisse. Abbildung 3.1 ordnet die empirischen Untersuchungen in den Gesamtkontext der Arbeit ein.

## 3.1 Methodische Vorbetrachtungen und Ableitung eines Forschungsdesigns

Zur Beantwortung der in Abschnitt 2.3 zusammengefassten Forschungsfragen soll dem ergonomieorientierten Gestaltungsprozess der DIN EN ISO 26800:2011 gefolgt werden. Ergonomische Fragestellungen müssen dabei nutzerzentriert über den Entwicklungsprozess kontinuierlich berücksichtigt und bewertet werden. Entsprechend müssen entlang des gesamten Versuchsdesigns ergonomierelevante

**Elektronisches Zusatzmaterial** Die elektronische Version dieses Kapitels enthält Zusatzmaterial, das berechtigten Benutzern zur Verfügung steht. https://doi.org/10.1007/978-3-658-32977-8_3.

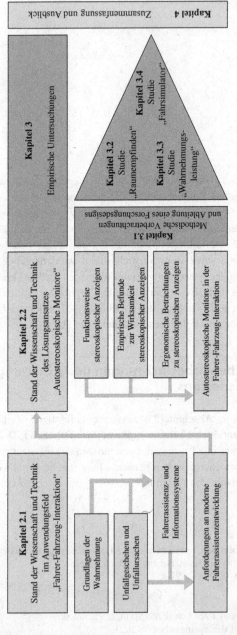

**Abbildung 3.1**   Einordnung von Kapitel 3 in den Aufbau der Arbeit
Quelle: eigene Darstellung

Variablen wie subjektive Bildqualität, visuelle Ermüdung, das allgemeine Seh-vermögen sowie die begleitenden Parameter stereoskopischer Tiefe erhoben und kontrolliert werden.

Dazu ist es notwendig, die grundlegende Eignung der Probanden für die Versuche sicherzustellen. Durch Krankheitsbilder wie Amblyopie, auch Schwach-sichtigkeit genannt (Lagrèze, 2016, S. 280), die zumeist aus der Fehlstellung eines oder beider Augen resultiert, können circa 5–7 % der Bevölkerung in Mitteleuropa keine Tiefeninformationen aufnehmen (Osswald & Nüßgens, 2002, S. 267). Resultat ist ein bedeutender oder kompletter Verlust der stereoskopi-schen Tiefenwahrnehmung bis hin zur Stereoblindheit (Levi, Knill & Bavelier, 2015, S. 18; Hopf et al., 2015, S. 18). Entsprechend muss in jedem Versuch die Fähigkeit zur Tiefenwahrnehmung geprüft werden. Methodisch eignet sich dazu der Lang-Stereotest (vgl. Abschnitt 2.2.3).

In allen geplanten Studien werden die Werte der stereoskopischen Unterscheid-barkeit zur Aufrechterhaltung der visuellen Beeinträchtigungsfreiheit niedrig angesetzt. Dabei muss sichergestellt werden, dass diese noch detektiert werden können. Entsprechend müssen die Aspekte von minimalen Merkmalsunterschie-den und visueller Suchen berücksichtigt werden. Bei einer visuellen Suche besteht die Aufgabe darin, die Anwesenheit eines Zielreizes auf den Monitoren unter Gegenwart von weiteren Reizen zu überprüfen und das Erkennen des gesuch-ten Reizes zu bestätigen oder entsprechend der Aufgabenstellung einzuschätzen. In Kombination mit der Detektion der minimalen Merkmalsunterschiede kann dazu die Konstanzmethode angewendet werden. Diese wird in diesem Rahmen als valides Instrument eingeschätzt (Hagendorf et al., 2011, S. 45; Goldstein, 2015, S. 13). Diese Methode aus dem Bereich der sensorischen Schwellenbestimmung beinhaltet eine vom Versuchsleiter kontrolliert-randomisierte Reizdarbietung in verschiedenen Intensitäten, die von den Probanden beurteilt werden. Dazu müssen wiederholt identische Reize in einer hohen Frequenz verglichen werden, um genü-gend Messpunkte für eine statistisch relevante Aussage zu erhalten (vgl. Read, 2015, S. 8). Dieser Ablauf findet eine weite Verbreitung bei Forschungen zu ste-reoskopischen Anzeigen und ist daher ein weiterer Ansatzpunkt zur Beantwortung der Forschungsfragen (siehe Tam & Stelmach, 1998, S. 57).

Hinsichtlich der Forderung einer fehler- und beeinträchtigungsfreien Infor-mationsaufnahme unter Berücksichtigung einer hohen visuellen Wahrnehmungs-leistung soll sich an der in Abschnitt 2.1.4 erläuterten Operationalisierung der Wahrnehmungsleistung nach Schmidtke (1993, S. 112) und Geiser (1994, S. 15) orientiert werden. Geiser (1994, S. 16) definiert die visuelle Wahrnehmungsleis-tung als Effektivitätsmaß, mit dem erhoben wird, wie gut eine dreidimensionale Anzeige den Beobachter bei der Tiefenwahrnehmung unterstützt. Wesentlich dabei ist das methodische Messen des Informationsflusses zwischen Monitor und Betrachter, aus dem analytisch ein Unterschied in der visuellen Wahrnehmungsleistung in Abhängigkeit von der stereoskopischen Tiefe zwischen den 2D- und 3D-Bedingungen gemessen werden kann. Werden dabei die Charakteristika der Informationen, wie zum Beispiel die Ausprägung der stereoskopischen Tiefe, die Darstellungsart (gestufte oder stufenlose Darstellung) und Anzeigedauer variiert, so können in Kombination mit der Konstanzmethode und des ergonomieorientierten Gestaltungsprozesses grundlegende Aussagen für die Forschungsfragen „F1" und „F2" generiert werden.

Entsprechend der dritten Forschungsfrage ist es wichtig, die funktionelle Adaption der Vorteile autostereoskopischer Monitore auf den Anwendungsfall von FAS/FIS zu untersuchen. Dabei muss die Aufgabenart berücksichtigt werden, in denen dreidimensionale Anzeigen Vorteile bieten. In Abschnitt 2.2.4 konnten die Aufgabentypen „Position und/oder Distanz einschätzen", „Navigation" als auch das „Finden, Identifizieren, Klassifizieren von Objekten" für FAS/FIS-Anwendungen identifiziert werden. Diese Aufgabenarten verlangen unterschiedliche Darstellungen (gestufte oder stufenlose) und wirken sich damit auf die Gestaltung spezifischer FAS/FIS-Anwendungen aus (vgl. Abschnitt 2.2.4). Aufgrund der unterschiedlichen Funktionsweisen einzelner Systeme müssen demzufolge separate Betrachtungen zu den Darstellungsarten in zwei Einzelstudien erfolgen. Dabei soll zur Beantwortung der Forschungsfrage „F2" erörtert werden, worin die grundlegenden Unterschiede in den Darstellungsarten hinsichtlich der Parameter der stereoskopischen Tiefe bestehen und welche Implikationen sich für die Ausgestaltung von FAS/FIS-Anwendungen ergeben. Werden diese Implikationen in einer anwendungsnahen Umgebung, wie zum Beispiel in einem Fahrsimulator, angewandt, können zur Beantwortung der Forschungsfrage „F3" unter Ausführung einer Fahraufgabe Aussagen zur Ausprägung der Unterstützung durch autostereoskopische Monitore in FAS/FIS-Anwendungen getroffen werden. Auf Basis dieser erörterten Methoden sind drei Einzelstudien geplant. Diese sind inklusive einer Kurzbeschreibung in Tabelle 3.1 aufgeführt. Dieses Studiendesign sichert ein kontrolliertes Vorgehen und bildet die Grundlage für die Bildung eines umfassenden Verständnisses der ergonomischen Anforderungen im Kontext stereoskopischer Anzeigen (vgl. Ntuen et al., 2009, S. 389 sowie McIntire et al., 2014, S. 24).

Generell wird in allen Studien die Wahrnehmungsleistung in einer stereoskopischen Darstellung und einer zweidimensionalen Darstellung untersucht, um einen grundlegenden Vergleich der Wirksamkeit autostereoskopischer Monitore zu ziehen. Zu jeder Darstellungsart wurde eine exemplarische FAS/FIS-Anwendung adressiert. Die Studie „Raumempfinden" betrachtet die stufenlose Darstellung für

**Tabelle 3.1** Übersicht über die empirischen Studien der Arbeit
Quelle: eigene Darstellung

| Studienbezeichnung | Kurzbeschreibung der Studie |
|---|---|
| Raumempfinden ($N = 40$) | Ziel der Studie ist die Untersuchung der Wirksamkeit von stufenlosen Tiefenreizen hinsichtlich der Vorteile stereoskopischer Anzeigen in den Kategorien „Position und/oder Distanz einschätzen". Die Studie adressiert potenzielle Assistenzsysteme, wie zum Beispiel Kreuzungs- oder Parkassistenten |
| Wahrnehmungsleistung ($N = 40$) | Ziel der Studie ist die Bestimmung von Schwellenwerten für gestufte Darstellungen, ab denen ein zuverlässiges „Finden, Identifizieren, Klassifizieren von Objekten" in Abhängigkeit von stereoskopischer Unterscheidbarkeit und der Anzeigedauer möglich ist |
| Fahrsimulator ($N = 20$) | Ziel der Studie ist es auf Basis der Erkenntnisse der Studie „Wahrnehmungsleistung" die generelle Eignung von autostereoskopischen Monitoren als Kombiinstrument in Fahrzeugen zu untersuchen. Dabei sollen die direkten Auswirkungen gestufter stereoskopischer Anzeigen auf die Wahrnehmungsleistung, das Blickverhalten sowie die Qualität der Fahraufgabe untersucht werden |

die Kategorie „Position und/oder Distanz einschätzen" für einen Kreuzungsassistenten und die Studien „Wahrnehmungsleistung" sowie „Fahrsimulator" die gestufte Darstellung für ein Kombiinstrument. Dabei wurde zur Untersuchung von Einzeleffekten der Wahrnehmungsleitung in Abhängigkeit von der stereoskopischen Tiefe auf eine funktionale Umsetzung einer spezifischen FAS/FIS-Anwendung zur Eliminierung von Störvariablen verzichtet, mit Ausnahme der Fahrsimulatorstudie.

Alle Studien wurden zur Berücksichtigung des Technologievergleichs in einem between-subjects-Design durchgeführt, um eine technologieabhängige Bewertung zu vermeiden. Dies bedeutet, dass sich in den jeweiligen experimentellen Bedingungen verschiedene Personengruppen befinden. Im Vorfeld der Studien wurden die Probanden möglichst vergleichbar bezüglich demografischer Variablen den Gruppen zugeordnet. Eine Beschreibung der Gruppen inklusive statistischer Vergleiche erfolgt innerhalb der Stichprobenbeschreibung. Alle statistischen Tests wurden mit der Software IBM SPSS Statistics 24 durchgeführt. Wenn nicht anders berichtet, so waren die Voraussetzungen für die jeweilig verwendeten statistischen Tests gegeben.

Als Hauptuntersuchungsinstrument wurde der in Abbildung 3.2 (links) dargestellte Monitor SF3D-133CR der Firma SeeFront GmbH verwendet. Dabei handelt es sich um ein autostereoskopisches Display auf Basis eines Linsen- oder auch Lentikularrasterbildes. Der Monitor hat eine Bildschirmdiagonale von 13,3 Zoll und einer nativen Auflösung von 2560 x 1440 Pixeln. Für die Wiedergabe von dreidimensionalen Inhalten akzeptiert der Monitor Materialien mit einer Auflösung von 1920 x 1080 Pixeln im „side-by-side"-Verfahren. In diesem Verfahren sind die Bilder für das linke und rechte Auge in einem Frame enthalten. Dadurch wird jedoch die horizontale Auflösung der Bilder halbiert (Grimm et al., 2013, S. 132; Pickering, 2014, S. 131). Durch das eingebaute Eye-Tracking erfolgt eine weitestgehend standpunktunabhängige Darstellung der dreidimensionalen Inhalte. Die Toleranzen des Betrachtungsabstandes sind in Abbildung 3.2 (rechts) dargestellt und betragen 520 mm bis 830 mm mit einem optimalen Abstand von 600 mm. Ausgehend vom optimalen Abstand beträgt die zulässige Höhe und Breite, in denen der Betrachter sich befinden sollte 630 x 535 mm (SeeFront, 2017, S. 2). Die folgenden Unterkapitel geben beginnend mit der Studie „Raumempfinden" die vollständigen Methoden und Ergebnisse der durchgeführten Experimente wieder.

Maximum: 880 mm
Optimum: 600 mm
Minimum: 520 mm

**Abbildung 3.2** Das autostereoskopische Display SF3D-133CR mit Abstandstoleranzen
Quelle: SeeFront GmbH

## 3.2 Raumempfinden auf autostereoskopischen Displays

Ziel der Studie war die Untersuchung der Wirksamkeit von stufenlosen Tiefenreizen hinsichtlich der Vorteile stereoskopischer Anzeigen in den Kategorien „Position und/oder Distanz einschätzen". Potentielle Assistenzsysteme, wie zum Beispiel Kreuzungs- oder Parkassistenten, bieten die Möglichkeit einer Anwendung im Sinne der „Puppentheater"-Analogie, indem der umliegende Verkehrsbereich als miniaturisiertes Abbild auf dem autostereoskopischen Monitor abgebildet wird und der wahrnehmbare Tiefenreiz eine bessere Situationsbewertung des umgebenden Raumes ermöglicht (siehe Abschnitt 2.2.1). Die Grundannahme des Versuchs besteht darin, dass durch autostereoskopische Monitore im Vergleich zu konventionellen Monitoren eine bessere Situationsbewertung von Verkehrssituationen im Kontext einer FAS/FIS-Anwendung prinzipiell möglich ist. Die Ergebnisse sollen neben dem Vergleich von zweidimensionalen und dreidimensionalen Anzeigen Aussagen zur Beantwortung der Forschungsfrage F1 liefern, ob und ab welchen Grenzwerten diese bessere Einschätzung möglich ist und inwieweit die Probanden dabei visuell beansprucht werden.

Dabei wurde als abhängige Variable die Gefahrenwahrnehmung („Hazard Perception") in einer Verkehrssituation gewählt. Die Gefahrenwahrnehmung ist die Fähigkeit von Individuen, potenziell gefährliche Situationen zu antizipieren. Diese wird bestimmt durch die Elemente der Wahrnehmung und Sicht im Straßenverkehr (Horswill et al., 2008, S. 212 u. 217). Avnieli-Bachar, Borowsky und Parmet (2015, S. 205) zeigten dabei unter anderem den Zusammenhang zwischen Unfällen und der Gefahrenwahrnehmung auf und nennen als Einflussfaktoren unter anderem Aufmerksamkeitsverteilung (Shahar, Alberti, Clarke & Crundall, 2010, S. 1582 f.), Wahrnehmungsgeschwindigkeit sowie Bewegungserkennung (McKnight, A. J. & McKnight, 1999, S. 449; Lacherez, Au & Wood, 2014, S. 92). In Bezug auf diese Einflussfaktoren können autostereoskopische Monitore als FAS/FIS unter den in Abschnitt 2.2.1 gegebenen Voraussetzungen den Fahrer unterstützen. Weiterhin wurde auf Basis der Diskussion in Abschnitt 2.2.2, dass auch eine erhöhte Perspektive, mit der eine Situation betrachtet wird, einen wesentlichen Einfluss auf die Wahrnehmung von Abständen und Objektrelationen besitzt, in den Versuchsaufbau als separate Bedingungen integriert. Es soll überprüft werden, inwiefern sich die Perspektive auf die relative Positionseinschätzung auswirkt. Weiterhin wurde die visuelle Belastung der Probanden durch die Monitortechnologie zur Kontrolle der ergonomischen Anforderungen von stereoskopischen Anzeigen über den Versuchszeitraum erhoben. Tabelle 3.2 gibt dazu die daraus entwickelten Hypothesen wieder, die im Fokus des vorliegenden Experimentes standen.

**Tabelle 3.2**  Studie „Raumempfinden": Hypothesen
Quelle: eigene Darstellung

| #    | Haupteffekt            | Hypothese                                                                                                              |
|------|------------------------|------------------------------------------------------------------------------------------------------------------------|
| H1-1 | Monitortechnologie     | Stereoskopische Anzeigen ermöglichen eine verbesserte räumliche Situationsbewertung gegenüber zweidimensionalen Anzeigen |
| H1-2 | Perspektive            | Eine erhöhte Perspektive vermittelt eine bessere Situationsbewertung als flache Perspektiven                            |
| H1-3 | Ergonomische Grenzwerte | Die Einhaltung ergonomischer Grenzwerte vermeidet visuelle Beschwerden durch stereoskopische Darstellungen             |

## 3.2.1   Methode und Material

### 3.2.1.1 Versuchsdesign und Ablauf

Zur Untersuchung des Einflusses der unabhängigen Variablen „Monitortechnologie" in den Gruppen „2D" und „3D" sowie den Ausprägungen der Perspektive „Fahrer" und „Vogel" wurde die Gefahrenwahrnehmung durch Bewertung der Kritikalität eines Linksabbiegemanövers an einer Kreuzung in einem between-subjects-Design mit Messwiederholungen beobachtet. Methodisch ist der Versuch an die Studien von Geyer (2013, S. 106 ff.) sowie den Untersuchungen zur Gefahrenwahrnehmung (vgl. Horswill, 2016, S. 425) angelehnt. Den Probanden wird ein Linksabbiegemanöver mit einem entgegenkommenden Fahrzeug an einer Kreuzung als Video vorgespielt. Durch das passive Betrachten der Situationen konnten sich die Probanden auf das Linksabbiegemanöver konzentrieren und dieses ohne weitere Ablenkung durch eine Nebenaufgabe bewerten. Das Vorgehen stellt sicher, dass im Wesentlichen die Effekte der Monitortechnologie und der Perspektive isoliert auf das Bewertungsverhalten zurückzuführen sind und weitere Störvariablen wie der Umgang mit einem Fahrzeug im Fahrsimulator sowie individuelles Fahrverhalten ausgeschlossen werden können (Horswill, 2016, 425). Zudem wurde durch die Anwendung der Konstanzmethode eine kontrolliert-randomisierte Reizdarbietung in Bezug auf die Abstände der beiden Fahrzeuge zueinander realisiert (vgl. Abschnitt 3.1). Ziel war es zu erheben, ob und wann ein Effekt hinsichtlich der Gefahrenwahrnehmung in Abhängigkeit von der verwendeten stereoskopischen Tiefe und Perspektive auftritt.

Voraussetzung für die Teilnahme am Versuch ist die Fähigkeit zur Wahrnehmung von 3D-Inhalten. Zur Überprüfung wurde zu Beginn des Versuches der Lang-Stereotest I und II (Lang, J., 1982, S. 39 ff.) eingesetzt sowie das subjektive

Sehvermögen erhoben(NEI-VFQ 25, Mangione et al., 2001, S. 1055). Weiterhin erfolgte die Erhebung soziodemografischer Daten und des Abstands zum Monitor als ergonomisches Merkmal.

Für den Hauptteil des Versuches wurden der 2D- und 3D-Gruppe mehrere Videos präsentiert, in denen zwei Fahrzeuge mit 50 km/h auf eine gleichberechtigte Kreuzung zufahren und diese überqueren. Das Ego-Fahrzeug biegt dabei links ab, wohingegen das entgegenkommende Fahrzeug die Kreuzung gerade überquert, was einem der häufigsten Unfallszenarien in Deutschland entspricht (Kühn & Hannawald, 2015, S. 61). Dies erfolgte entsprechend der in Abbildung 3.3 dargestellten Trajektorien. Die Abstände der Fahrzeuge zur Kreuzung wurden analog zu Geyer (2013, S. 111) durch die unabhängige Variable Time-To-Intersection (TTI)[1] kontrolliert. Die TTI ist die Zeit, die ein Fahrzeug von seinem aktuellen Standpunkt bis zum Eintrittspunkt in die Kreuzung benötigt (siehe rote Linie, Abbildung 3.3 rechts). Der Abstand des Ego-Fahrzeuges zur Kreuzung wurde konstant gehalten und nur der Abstand des entgegenkommenden Fahrzeuges in zwölf Stufen von 0,3–2,0 Sekunden variiert[2]. Anhand des kleinsten Wertes von 0,3 Sekunden, äquivalent zu circa 4,2 Meter Abstand der Fahrzeuge zueinander, wird deutlich, dass die Fahrzeuge auf der Kreuzung nicht miteinander kollidieren, jedoch eine hinreichend kritische Situation zur Bewertung erzeugt wurde (siehe Anlage F, Tabelle AF53). Mit zunehmender TTI werden die Abstände größer und die Situation wahrnehmbar unkritischer. Dieses Linksabbiegemanöver in zwölf Variationen wurde den Probanden unter Anwendung der Konstanzmethode insgesamt 48 Mal (jeweils vier Wiederholungen pro Messpunkt) randomisiert vorgeführt und von diesen mittels einer vierstufigen Skala bewertet. Zum Erhalt eines standardisierten Bewertungszeitpunkts wurde das Video an dem Punkt angehalten, an dem das Ego-Fahrzeug die Mittellinie überfuhr. Das Standbild der Situation konnte von den Probanden noch für zehn weitere Sekunden beobachtet werden.

Das in Abbildung 3.4 dargestellte subjektive Kritikalitätsmaß von Geyer (2013, S. 112 f.) eignet sich grundlegend zur Bewertung von Verkehrsszenarien, muss jedoch mit Kontrollvariablen abgeglichen werden, um eine einheitliche Interpretation zu ermöglichen. Vor allem Fahrerfahrung und Risikobereitschaft sind mögliche moderierende Variablen einer Kritikalitätsbewertung (Heino, van der Molen & Wilde, 1996, S. 77; Rudin-Brown, Edquist & Lenné, 2014, S. 128,

---

[1]Die Berechnungsvorschrift zur Variable TTI kann in Geyer (2013, S. 111) nachvollzogen werden.

[2]Die Einteilung erfolgte in folgenden Schritten: 0,3–1,0 s in Zehntelschritten sowie von 1,0–2,0 in 0,25 s Schritten.

**Abbildung 3.3** Studie „Raumempfinden": Kreuzung in beiden Perspektiven
Quelle: eigene Darstellung

Horswill, 2016, S. 426). Dazu wurde im Vorfeld die Fahrerfahrung, wie die Dauer des Führerscheinbesitzes und die durchschnittliche jährliche Fahrleistung, sowie der subjektiv eingeschätzte Fahrstil mit Hilfe von fünf semantischen Differentialen nach Arndt (2011, S. 99 u. 296) abgefragt. Als Persönlichkeitsmerkmal wurde das Risikoverhalten durch die Brief-Sensation-Seeking-Skala (BSSS) nach Hoyle, Stephenson, Palmgreen, Lorch und Donohew (2002, S. 405) abgefragt.

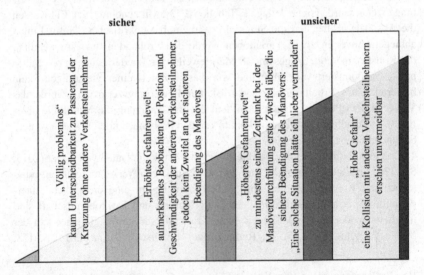

**Abbildung 3.4** Studie „Raumempfinden": Skala zur Bewertung der Kritikalität
Quelle: Hohm, 2010, S. 53, angepasst durch Geyer, 2013, S. 112 f.

In einem zweiten Versuchsabschnitt wurde allen Probanden eine fünfminütige Stadtfahrt auf dem 3D-Monitor präsentiert. Diese bezog die 2D-Gruppe mit ein und wurde analog zum ersten Versuchsteil als Video abgespielt. Ziel war die Erfassung des zeitlichen Verlaufs der visuellen Ermüdung unter Verwendung von autostereoskopischen Monitoren. Dazu wurde die visuelle Ermüdung an vier Zeitpunkten erhoben: zu Beginn des Versuches, zweimal zur Situationsbewertung und nach der Stadtfahrt, bei der auch die Probanden der 2D-Gruppe das autostereoskopische Display betrachten konnten. Dabei sollte untersucht werden, ob es bei längerer Betrachtung des autostereoskopischen Monitors oder bei einem Wechsel von einem herkömmlichen Monitor zum 3D-Monitor zu einer subjektiv empfundenen visuellen Ermüdung kommt. Hierzu wurde der Visual Fatigue Questionnaire (VFQ) von Bangor (2000, S. 117) an alle Probanden ausgegeben. Weiterhin wurde an zwei Messzeitpunkten die subjektiv wahrgenommene Bildqualität nach Bangor (2000, S. 119) erhoben. Der Fragebogen orientiert sich an den von Lambooij et al. (2009, S. 9) empfohlenen Messinstrumenten, ist jedoch in Bezug auf mögliche auftretende Symptome detaillierter ausgestaltet.

Die Gesamtdauer des Versuches betrug circa 50 Minuten. Die Experimente „Raumempfinden I und II" dauerten jeweils circa15 Minuten, die Stadtfahrt 5 Minuten. Tabelle 3.3 gibt eine Übersicht über den chronologischen Versuchsverlauf und die in jedem Abschnitt verwendeten Methoden und Fragebögen. Die ausgegebenen Fragebögen können in Anlage E eingesehen werden.

### 3.2.1.2 Versuchsaufbau und Materialien

Für den Versuch wurde ein circa 18 m$^2$ großes Labor gewählt, in dem gleichbleibende Lichtbedingungen geschaffen werden konnten. Vor jedem Versuch wurden vom Versuchsleiter alle Jalousien geschlossen sowie sämtliche Deckenlampen eingeschaltet. Da für das Experiment beide Monitore zum Einsatz kamen, wurden beide entsprechend Abbildung 3.5 nebeneinander aufgestellt. Der Proband positionierte sich dabei entsprechend der Gruppe und Aufgabe vor das relevante Gerät. Der 2D-Monitor (rechts) wurde auf die Größe des autostereoskopischen 3D-Displays (links) maskiert. Im Experiment wurde der in Abschnitt 3.1 vorgestellte autostereoskopische Monitor verwendet. Als 2D-Monitor wurde ein EIZO FlexScan S2402W benutzt. Ein direkter Einfluss der Körpergröße und Sitzhöhe des Probanden auf den Betrachtungswinkel der Monitore kann aufgrund der Ergebnisse von Ntuen et al. (2009, S. 391) für einen direkten Vergleich der beiden Technologien vernachlässigt werden. Die Probanden wurden zu beiden Seiten durch Stellwände vom restlichen Raum und dem Versuchsleiter isoliert, um eine mögliche Ablenkung durch die Umgebung auszuschließen. Die Kommunikation zwischen Probanden und Versuchsleiter wurde dadurch nicht beeinträchtigt. Die

**Tabelle 3.3**  Studie „Raumempfinden": Versuchsablauf
Quelle: eigene Darstellung

| Versuchsabschnitt | Methode | Subjektive Daten | |
|---|---|---|---|
| 1 | Begrüßung und erste Fragebögen | Befragung | Einverständniserklärung Stereo-Lang-Test I und II Sehvermögen (NEI-VFQ 25) visuelle Ermüdung I (VFQ) |
| 2 | Raumempfinden I | passive Simulatorfahrt + Befragung | visuelle Ermüdung II (VFQ) |
| | Pause (2 Minuten) | – | – |
| 3 | Raumempfinden II | passive Simulatorfahrt + Befragung | visuelle Ermüdung III (VFQ) subjektive Bildqualität I |
| 4 | Stadtfahrt (nur 3D) | passive Simulatorfahrt + Befragung | visuelle Ermüdung IV (VFQ) |
| 5 | Abschlussfragebögen und Verabschiedung | Befragung | subjektive Bildqualität II soziodemografische Daten subjektiver Fahrstil Sensation Seeking (BSSS) |

Steuerung des Versuches erfolgte außerhalb des Blickfeldes des Probanden an einem separaten Rechner.

Die Videos wurden mit Material der Fahrsimulationssoftware SILAB 5.1 der Firma Würzburger Institut für Verkehrswissenschaften GmbH erstellt und mittels einer Videobearbeitungssoftware auf identische Startpunkte und Längen zugeschnitten (circa 10 Sekunden). Das erstellte Material wurde anhand der „Puppentheater"-Analogie gestaltet. Das bedeutet, dass ein stufenloses Abbild der Realität mit hauptsächlich ungekreuzter Tiefe erzeugt wurde. Die ungekreuzte Querdisparität des entgegenkommenden Fahrzeuges zum Zeitpunkt der Bewertung mit der jeweiligen TTI orientierte sich an der empfohlenen 1-Grad-Regel (siehe Abschnitt 2.2.3). Die Werte betrugen circa 0,2 bis 1,1 Grad und können detailliert in Anlage F, Tabelle AF53 eingesehen werden. Als Punkt mit keiner Querdisparität wurde der Eintrittspunkt der Kreuzung zum Zeitpunkt der Bewertung gewählt. Hinsichtlich der Vogelperspektive wurde im Vergleich zur

**Abbildung 3.5** Studie „Raumempfinden": Versuchsaufbau
Quelle: eigene Darstellung

Fahrerperspektive die virtuelle Kamera auf eine Höhe von vier Metern erhöht und um 20 Grad nach vorne geneigt, um dem Betrachter eine bessere Übersicht über die Kreuzungssituation zu ermöglichen.

### 3.2.1.3 Datenaufbereitung

Die Skalen der Fragebögen „visuelle Ermüdung" (VFQ) sowie „subjektive Bildqualität" (NEI-VFQ 25) wurden in den ausgegebenen Fragebögen mit einer Breite von 150 mm abgedruckt. Im Zuge der Digitalisierung der Fragebögen wurden die Werte mit Hilfe eines Lineals auf den nächsten halben Millimeter abgelesen. Anschließend erfolgte eine Skalierung der einzelnen Bewertungen, indem die Werte durch die Skalenlänge (150 mm) dividiert und mit dem Faktor 100 multipliziert wurden. Abschließend wurde auf die volle Zahl gerundet und in SPSS eingepflegt (vgl. Bangor, 2000, S. 39).

Zur Auswertung des NEI-VFQ 25 (subjektives Sehvermögen) wurden dem Manual folgend alle 25 Items durch Mittelwertberechnung von ausgewählten Items auf zwölf Subskalen reduziert (NEI, 2000, S. 5). Im Verlauf der Arbeit wurden acht Subskalen ausgewertet, die für das funktionale Sehvermögen bei der Betrachtung der Monitore relevant sind. Die im Fragenbogen enthaltenen Subskalen „soziale Funktionsfähigkeit", „mentale Gesundheit", „Ausübung sozialer Rollen" und „Abhängigkeit von Anderen" wurden für die Auswertung ausgeschlossen, da diese im Wesentlichen soziale Interaktionsaspekte in Abhängigkeit des subjektiv eingeschätzten Sehvermögens betrachten. Hinsichtlich des Konstruktes „Sensations Seeking" wurde der Gesamtscore aus dem Mittelwert aller Einzelitems des BSSS-Fragebogens gebildet (Hoyle et al., 2002, S. 405).

### 3.2.1.4 Stichprobenbeschreibung

Für die Studie „Raumempfinden auf autostereoskopischen Displays" wurden $N$ = 40 Probanden eingeladen und zu je zehn Teilnehmern in vier Gruppen entsprechend der Versuchsbedingungen randomisiert zugeteilt. Die Rekrutierung erfolgte über die Probandendatenbank der Professur Arbeitswissenschaft und Innovationsmanagement sowie über persönliche Ansprache von Angehörigen der Technischen Universität Chemnitz. Grundvoraussetzung für die Teilnahme am Versuch war ein gültiger Führerschein sowie die Fähigkeit zum stereoskopischen Sehen. Eine Probanden-vergütung wurde nicht ausgezahlt. Das Durchschnittsalter der Stichprobe betrug 30,9 Jahre ($SD$ = 9,4). Für das Geschlecht der 40 Teilnehmer (weiblich = 11; männlich = 29) konnte keine Gleichverteilung im Versuch erreicht werden, jedoch wurden für jede Gruppe grundlegend gleiche Bedingungen geschaffen (siehe Tabelle 3.4). Aus der Literatur konnten bezüglich Geschwindigkeits- und Abstandsschätzungen sowie der stereoskopischen Sehfähigkeit keine Hinweise darauf gefunden werden, dass spezifische Geschlechterunterschiede hinsichtlich der Risikobewertung zu erwarten sind (Chraif, 2013, S. 1103; Zaroff, Knutelska & Frumkes, 2003, S. 898).

**Tabelle 3.4**  Studie „Raumempfinden": Verteilung der Geschlechter
Quelle: eigene Darstellung

| Gruppe | Gesamt | 3D – F (Fahrer) | 3D – V (Vogel) | 2D – F (Fahrer) | 2D – V (Vogel) |
|--------|--------|-----------------|----------------|-----------------|----------------|
| Weiblich | 11 | 3 | 3 | 3 | 2 |
| Männlich | 29 | 7 | 7 | 7 | 8 |

Auf Basis einfaktorieller Varianzanalysen konnten für das Alter, den Lang-Stereotest sowie den Sichtabstand zum Monitor keine Unterschiede in den Gruppen gefunden werden. Alle teilnehmenden Probanden waren in der Lage stereoskopische Inhalte wahrzunehmen und der gewählte Sichtabstand zum Monitor befand sich innerhalb der Toleranzen des verwendeten autostereoskopischen Displays (siehe Kapitel 3). Bezüglich des subjektiv eingeschätzten Sehvermögens liegen die Ergebnisse auf hohem bis sehr hohem Niveau und es wurden keine signifikanten Unterschiede gefunden. Für Fahrerfahrung, die durchschnittliche jährliche Fahrleistung sowie zum „Sensation Seeking" wurden über alle

Gruppen hinweg keine Unterschiede gefunden. Hinsichtlich des selbsteingeschätzten Fahrstils zeigte sich eine Gleichverteilung über alle Gruppen, außer im Item „offensiv/defensiv". Eine Post-Hoc Analyse (Scheffé-Prozedur) ergab lediglich für die Gruppen „3D" (Fahrer) und „2D" (Vogel) einen Unterschied, was im Ergebnisteil weiter untersucht wurde. Generell kann festgestellt werden, dass weitestgehend homogene Gruppen erzeugt worden sind. Die ausführliche Beschreibung der Stichprobe ist in Tabelle 3.5 gegeben. Folgend werden die Ergebnisse in den Kategorien „Kritikalitätsempfinden", „visuelle Ermüdung", „subjektive Bildqualität" vorgestellt.

**Tabelle 3.5** Studie „Raumempfinden": ausführliche Stichprobenbeschreibung
Quelle: eigene Darstellung

| Variablen N = 40 | M | SD | Gruppenweiser Vergleich 2D/3D | statistische Signifikanz (p) |
|---|---|---|---|---|
| *soziodemografische Daten* | | | | |
| Geschlecht | | | $\chi^2$ (3, 40) = 0.38 | .945 |
| Alter [Jahre] | 30,9 | 9,4 | $F(3, 36) = 0.45$ | .716 |
| *3D-Sehen und Ergonomie* | | | | |
| Lang-Stereotest | 1,11 | 0,20 | $F(3, 36) = 1.08$ | .371 |
| Abstand zum Monitor [cm] | 66,2 | 10,2 | $F(3, 36) = 1,33$ | .281 |
| *subjektives Sehvermögen* | | | | |
| allgemeine Gesundheit | 71,25 | 16,55 | $F(3, 36) = 2.06$ | .124 |
| allgemeine Sehfähigkeit | 79,50 | 18,94 | $F(3, 36) = 1.85$ | .155 |
| Augenschmerzen | 85,63 | 16,88 | $F(3, 36) = 1.09$ | .367 |
| nahe Aktivitäten | 95,42 | 7,30 | $F(3, 36) = 1.59$ | .209 |
| entfernte Aktivitäten | 89,17 | 11,66 | $F(3, 36) = 0.13$ | .943 |
| Fahren | 67,19 | 12,87 | $F(3, 36) = 0.57$ | .639 |
| Farbsehen | 98,75 | 5,52 | $F(3, 36) = 0.67$ | .578 |
| Peripheres Sehen | 95,00 | 11,60 | $F(3, 36) = 0.92$ | .439 |
| *Fahrerfahrung und -stil* | | | | |
| Ø Jahreskilometer [km] | 11.931 | 2.303 | $F(3, 36) = 0.02$ | .995 |
| Führerscheinbesitz [Jahre] | 12,3 | 7,3 | $F(3, 36) = 0.22$ | .882 |
| ängstlich / mutig | 3,53 | 0,69 | $F(3, 36) = 0.83$ | .485 |
| schnell / langsam | 2,58 | 0,72 | $F(3, 36) = 1.18$ | .331 |
| offensiv / defensiv | 3,26 | 1,03 | $F(3, 36) = 4.06$ | .014 |
| vorsichtig / risikobereit | 2,55 | 0,76 | $F(3, 36) = 1.69$ | .188 |
| sportlich / gemütlich | 2,89 | 0,86 | $F(3, 36) = 2.89$ | .050 |
| Total Sensation Seeking Score | 3,25 | 0,58 | $F(3, 36) = 0.81$ | .495 |

(Die Items ängstlich bis sportlich sind mit „subjektiver Fahrstil" gekennzeichnet.)

## 3.2.2 Ergebnisse

### 3.2.2.1 Räumliches Empfinden

Im Zuge des Versuches wurden von den 40 Probanden zu je vier Gruppen 1920 Messpunkte auf der Basis von vier Messwiederholungen mit zwölf Variationen der TTI erhoben. Im Vorfeld der Varianzanalyse wurde das generelle Antwortverhalten überprüft (siehe Abbildung 3.6). Die Variationen der TTI wurden hinsichtlich des Messbereiches der Kritikalitätsskala (1–4) gut gewählt, da weder Boden- noch Decken-effekte zu verzeichnen sind und die Skala weitestgehend ausgenutzt wurde. Es zeigt sich durch die hohe Korrelation des Antwortverhaltens und der TTI sowie durch eine konstante Standardabweichung ein allgemein gutes Verständnis der Skala durch die Probanden.

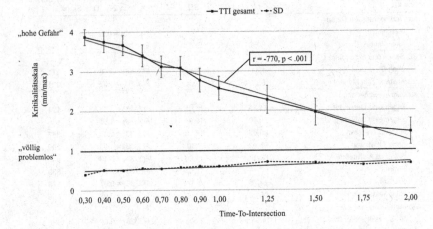

**Abbildung 3.6** Studie „Raumempfinden": allgemeines Antwortverhalten auf der Kritikalitätsskala
Quelle: eigene Darstellung

Die Analyse der Antworten auf der Kritikalitätsskala erfolgte für alle vier Gruppen auf Basis einer dreifaktoriellen Varianzanalyse, deren Ergebnisse in Tabelle 3.6 dargestellt sind. Für alle Faktoren konnte ein signifikanter Einfluss auf die Bewertung nachgewiesen werden. Der Faktor „TTI-Variationen" ist dabei der Haupteffekt auf die Kritikalitätsbewertung und erklärt 62 % der Varianz, was durch den Versuchsaufbau begründet ist. Hinsichtlich der „Monitortechnologie" konnte ein kleiner Effekt festgestellt und bezüglich des Faktors Perspektive ein vernachlässigbarer Effekt nachgewiesen werden[3]. Für die wechselseitigen Interaktionen TTI × Monitortechnologie und Monitortechnologie × Perspektive wurden statistisch signifikante Interaktionseffekte gefunden. Lediglich für TTI × Perspektive wurde kein signifikanter Interaktionseffekt festgestellt. Für alle Interaktionseffekte bezüglich des Faktors Perspektive ist der Effekt vernachlässigbar, jedoch wurde ein kleiner Effekt für die Interaktion zwischen TTI × Monitortechnologie gefunden. Der Interaktionseffekt zwischen allen drei Faktoren ist nicht signifikant.

**Tabelle 3.6** Studie „Raumempfinden": gruppenweise Vergleiche der Kritikalitätsbewertung Quelle: eigene Darstellung

| $N = 1920$ Faktor | gruppenweiser Vergleich | statistische Signifikanz ($p$) | partielles $\eta^2$ |
|---|---|---|---|
| TTI Variationen | $F(11, 1872) = 277.21$ | <.001 | .620 |
| Monitortechnologie | $F(1, 1872) = 39.01$ | <.001 | .020 |
| Perspektive | $F(1, 1872) = 39.01$ | .002 | .005 |
| TTI × Monitortechnologie | $F(11, 1872) = 5.29$ | <.001 | .030 |
| TTI × Perspektive | $F(11, 1872) = 0.43$ | .941 | .003 |
| Monitortechnologie × Perspektive | $F(1, 1872) = 4.34$ | <.001 | .002 |
| TTI × Monitor × Perspektive | $F(11, 1872) = 0.59$ | .839 | .003 |

Der Interaktionseffekt zwischen den TTI-Variationen und der Perspektive hat somit keinen Einfluss auf das Bewertungsverhalten der Probanden, jedoch generiert die Monitortechnologie Unterschiede in Zusammenhang mit der TTI und der Perspektive. Abbildung 3.7 und Tabelle 3.7 geben zur weiteren Analyse den Verlauf und den gruppenweisen Vergleich der Ergebnisse der Kritikalitätsskala wieder. Die deskriptiven Kennwerte der Kritikalitätsbewertung sind in Anlage F, Tabelle AF54 dargestellt.

---

[3]Zur Klassifikation der Effektgrößen des partiellen $\eta^2$ wird auf die Werte von Döring und Bortz (2016, S. 820) zurückgegriffen.

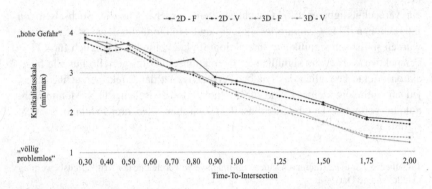

**Abbildung 3.7** Studie „Raumempfinden": Antwortverhalten auf der Kritikalitätsskala
Quelle: eigene Darstellung

Aufgrund des vernachlässigbaren Effektes der Perspektive wurden zur weiteren Analyse die Bewertungen der TTI in die Hauptgruppen „2D" und „3D" zusammengefasst. Durch ungepaarte t-Tests wurde analysiert, zu welcher spezifischen TTI ein permanenter Unterschied im Bewertungsverhalten auftritt. Die Ergebnisse in Tabelle 3.7 zeigen eine zuverlässige Unterscheidbarkeit ab einer TTI $\geq$ 1,0 Sekunden auf. Weiterhin wurde ein Unterschied zum Zeitpunkt TTI = 0,4 Sekunden gefunden. Zur abschließenden Demonstration des Haupteffektes Monitortechnologie oberhalb (TTI$_{hoch}$) und unterhalb (TTI$_{niedrig}$) der 1,0-Sekunden-Grenze wurden die Diagramme in Abbildung 3.8 erstellt. Es zeigt sich, dass der Haupteffekt in der Bewertung ab der Grenze TTI $\geq$ 1,0 Sekunden deutlich zum Tragen kommt.

Abschließend wurde überprüft, inwieweit der Gruppenunterschied aus der subjektiven Fahrstileinschätzung des Items „offensiv/defensiv" einen Einfluss auf das Bewertungsverhalten hatte. Mittels eines Chi-Quadrat-Tests für Unabhängigkeit zeigte sich kein Einfluss auf das Bewertungsverhalten ($\chi^2$ (9) = 14.40, $p$ = .109).

### 3.2.2.2 Visuelle Ermüdung

Für die Auswertung zur visuellen Ermüdung wurden die vier Gruppen zu den Hauptgruppen „2D" und „3D" zusammengefasst. Die Gruppen beziehen sich auf die eingesetzte Monitortechnologie. Die visuelle Ermüdung beider Gruppen sowie der zeitliche Verlauf über die vier Messzeitpunkte und beide Gruppen hinweg ist in Abbildung 3.9 dargestellt. Für alle Items befinden sich die Werte auf sehr geringem Niveau. Lediglich für die Items „Trockene Augen" und „geistige Ermüdung"

**Tabelle 3.7** Studie „Raumempfinden": gruppenweiser Vergleich der Kritikalitätsbewertung
Quelle: eigene Darstellung

| $N = 40$ | TTI | 0,3 | 0,4 | 0,5 | 0,6 | 0,7 | 0,8 | 0,9 | 1,0 | 1,25 | 1,50 | 1,75 | 2,00 |
|---|---|---|---|---|---|---|---|---|---|---|---|---|---|
| gruppenweiser Vergleich (2D/3D) | | $t(158)$ $= 1,09$ | $t(158)$ $= 2,44$ | $t(158)$ $= -0,58$ | $t(158)$ $= -0,38$ | $t(158)$ $= -1,15$ | $t(158)$ $= 1,30$ | $t(158)$ $= -0,88$ | $t(158)$ $= -2,84$ | $t(158)$ $= -3,51$ | $t(158)$ $= -4,28$ | $t(158)$ $= -4,28$ | $t(158)$ $= -3,88$ |
| statistische Signifikanz ($p$) | | .279 | .016 | .562 | .707 | .251 | .197 | .379 | .005 | .001 | < .001 | < .001 | < .001 |

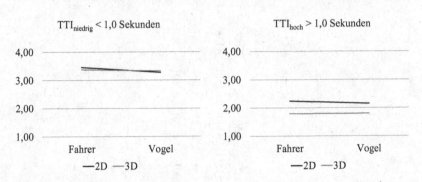

**Abbildung 3.8**  Studie „Raumempfinden": Einfluss der Haupteffekte auf die Bewertung
Quelle: eigene Darstellung

wurden leicht erhöhte Werte festgestellt, was im relativen Vergleich keine Auswirkungen hat. Dazu wurden für jedes Item in der jeweiligen Gruppe die Messwerte
zum ersten Messzeitpunkt auf null gesetzt und der relative Verlauf zu diesem grafisch wiedergegeben. Die Analyse der relativen Zeitreihen und die Übersicht über
die deskriptiven Kennwerte sind in Anlage F, Abbildung AF59 und Tabelle AF55
gegeben. Es zeigen sich lediglich geringfügige Effekte auf die visuelle Ermüdung,
die beim Vergleich der beiden Gruppen und in Anbetracht der Dauer des Versuches keine relevanten Auswirkungen besitzen, da zu keinem Zeitpunkt „etwas
spürbar" auf der Skala erreicht wurde. Weiterhin wurde kein Effekt der Pause auf
die visuelle Ermüdung gefunden (siehe Abbildung 3.10).

### 3.2.2.3  Subjektive Bildqualität

Für die Auswertung der subjektiv empfundenen Bildqualität wurden die vier
Gruppen zu den Hauptgruppen „2D" und „3D" zusammengefasst. Die Gruppen beziehen sich auf die eingesetzte Monitortechnologie. Die Ergebnisse beider
Messzeitpunkte M1 und M2 sind in Abbildung 3.11 und in Tabelle 3.8 wiedergegeben. Grundlegend weisen alle erhobenen Daten eine hohe Streuung mit seltenen
Ausreißern auf. Generell befinden sich die negativ wahrgenommenen Effekte bei
beiden Bildschirmen auf niedrigem Niveau und die allgemeine Qualität wurde für
beide Bildschirme als „in Ordnung" wiedergegeben.

Für den detaillierten Vergleich der Items der subjektiven Bildqualität zum
jeweiligen Messzeitpunkt ergab die Analyse keinen Unterschied zwischen den
Gruppen „2D" und „3D" (siehe gruppenweiser Vergleich A und B in Tabelle 3.8).
In beiden Versuchsabschnitten bewerteten die Gruppen die Monitore identisch. Im

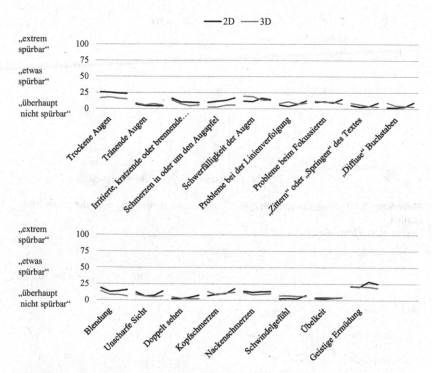

**Abbildung 3.9**  Studie „Raumempfinden": absolute Entwicklung der visuellen Ermüdung
Quelle: eigene Darstellung

zeitlichen Verlauf des Versuches wechselte die Gruppe „2D" zum zweiten Messzeitpunkt (Stadtfahrt) auf das autostereoskopische Display. Vergleich C gibt die
Auswertung des Wechsels wieder. Die Probanden nahmen in geringem Ausmaß
eine Verschlechterung der Bildqualität des autostereoskopischen Displays im Vergleich zum herkömmlichen Monitor wahr. Für die Items „Kontrast ungenügend"
($t(19) = 2{,}43$, $p = .025$), „Grafik fehlerhaft" ($t(38) = -2.227$, $p = .032$) und „stö-
rende Reflektionen" ($t(38) = -2.999$, $p = .005$) wurden signifikante Unterschiede
festgestellt. Mangelnder Kontrast wurde auf dem 3D-Monitor als weniger störend
empfunden, jedoch wurden sowohl Grafik auch Reflexionen schlechter bewertet. Für den ersten und zweiten Messzeitpunkt der 3D-Gruppe (kein Wechsel der
Monitortechnologie) wurden keine signifikanten Unterschiede gefunden.

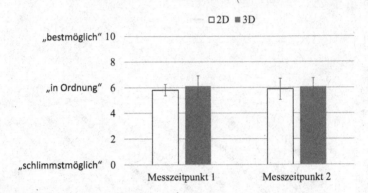

**Abbildung 3.10**  Studie „Raumempfinden": allgemeine Beurteilung der subjektiven Bildqualität
Quelle: eigene Darstellung

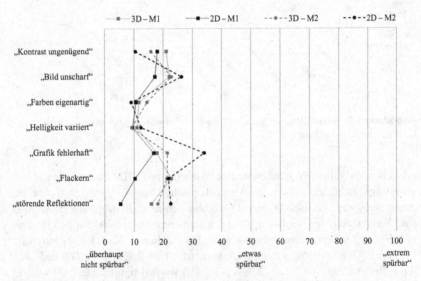

**Abbildung 3.11**  Studie „Raumempfinden": Entwicklung der subjektiven Bildqualität
Quelle: eigene Darstellung

**Tabelle 3.8** Studie „Raumempfinden": deskriptive Kennwerte zur subjektiven Bildqualität
Quelle: eigene Darstellung

$N = 40$

| Gruppe | erster Messzeitpunkt M1 | | | | zweiter Messzeitpunkt M2 | | | | statistische Signifikanz ($p$) gruppenweise Vergleiche ($t$-Test) | | | |
| | 2D | | 3D | | 2D auf 3D | | 3D auf 3D | | A M1 2D/3D | B M2 2D/3D | C 2D M1/M2 | D 3D M1/M2 |
| | M | SD | M | SD | M | SD | M | SD | | | | |
|---|---|---|---|---|---|---|---|---|---|---|---|---|
| allgemeine Qualität | 6,1 | 1,62 | 5,8 | 0,89 | 6,05 | 1,36 | 5,89 | 1,64 | .473 | .742 | .674 | .716 |
| Kontrast | 18,03 | 16,54 | 21,07 | 21,26 | 10,47 | 16,27 | 15,83 | 19,70 | .617 | .354 | .025 | .181 |
| Bild unscharf | 17,20 | 16,92 | 22,17 | 21,13 | 26,27 | 24,81 | 22,80 | 2,06 | .417 | .634 | .126 | .893 |
| Farben eigenartig | 10,67 | 13,32 | 11,67 | 21,17 | 9,03 | 13,94 | 14,43 | 18,17 | .859 | .307 | .724 | .450 |
| Helligkeit variiert | 9,47 | 13,73 | 11,00 | 13,99 | 12,37 | 21,83 | 9,19 | 8,23 | .728 | .556 | .548 | .748 |
| Grafik fehlerhaft | 16,77 | 18,40 | 17,83 | 22,74 | 34,03 | 29,39 | 21,43 | 23,39 | .871 | .142 | .029 | .249 |
| Flackern | 10,30 | 17,63 | 22,70 | 25,98 | 21,77 | 24,84 | 21,27 | 27,27 | .085 | .952 | .103 | .667 |
| Reflexionen | 5,33 | 8,69 | 15,93 | 21,89 | 22,53 | 24,13 | 18,13 | 24,25 | .051 | .569 | .006 | .634 |

gruppenweiser Vergleich A/B: ungepaarter t-Test; Vergleich C/D: gepaarter t-Test vollständiger Bericht in Anlage F, Tabelle 52 und 53

### 3.2.3  Diskussion

Die Studie zum Raumempfinden auf autostereoskopischen Displays untersuchte den Effekt der Monitortechnologie auf die Einschätzung einer Kritikalität von Verkehrssituationen im Kontext einer FAS/FIS-Anwendung. Alle vier Gruppen waren hinsichtlich der Variablen Geschlecht, Alter, Fähigkeit zum 3D-Sehen, subjektivem Sehvermögen, Fahrerfahrung sowie Sensation Seeking ausbalanciert. Lediglich für den subjektiven Fahrstil ist für das Item „offensiv/defensiv" keine Vergleichbarkeit gegeben, was jedoch keinen Einfluss auf das Bewertungsverhalten hatte. Tabelle 3.9 gibt zunächst eine Übersicht über die aufgestellten Hypothesen aus Abschnitt 3.2 wieder und stellt das jeweilige Ergebnis dar. Im Folgenden werden diese diskutiert.

**Tabelle 3.9**  Studie „Raumempfinden": Übersicht über die untersuchten Hypothesen
Quelle: eigene Darstellung

| #    | Hypothese                                                                                          | Ergebnis   |
|------|----------------------------------------------------------------------------------------------------|------------|
| H1-1 | Stereoskopische Anzeigen ermöglichen eine verbesserte räumliche Situationsbewertung gegenüber zweidimensionalen Anzeigen | Angenommen |
| H1-2 | Eine erhöhte Perspektive vermittelt eine bessere Situationsbewertung als flache Perspektiven        | Abgelehnt  |
| H1-3 | Die Einhaltung ergonomischer Grenzwerte vermeidet visuelle Beschwerden durch stereoskopische Darstellungen | Angenommen |

Die Ergebnisse zeigten einen klaren Effekt der Monitortechnologie auf das Bewertungsverhalten. Probanden, die die Verkehrssituationen mit dem autostereoskopischen Display betrachteten, waren in der Lage die Verkehrssituation besser zu antizipieren und den ausreichenden Abstand zum entgegenkommenden Fahrzeug abzuschätzen. Dieser Vorteil zeigte sich konstant ab Abständen von einer TTI $\geq$ 1,0 Sekunde mit einer Querdisparität größer als 0,61 Grad. Das Ergebnis bestätigt die in Abschnitt 3.2 formulierte Hypothese H1-1 eines verbesserten Raumempfindens auf autostereoskopischen Monitoren im Sinne einer FAS/FIS-Anwendung und steht damit im Kontext der vorgestellten Studien zu „Position und/oder Distanz einschätzen" sowie „Navigation" von Mikkola et al. (2010); Chen et al. (2010) sowie Chen et al. (2014). Im Detail zeigt sich jedoch teilweise ein Widerspruch zu den Aussagen von Martinez Escobar et al. (2015, S. 141). Diese zeigten auf Basis relativer Schätzungen bei mittleren Abständen eine signifikante Verbesserung der Nutzerleistung bei Anwendung von 3D-Technologien auf. Bezüglich kleiner sowie größerer Abstände wurde keine

Verbesserung erreicht (vgl. Abschnitt 2.2.2). Da konkrete Angaben zu verwendeten Querdisparitäten der einzelnen Objekte bei Martinez Escobar et al. (2015) fehlen, lässt sich ein direkter Vergleich nicht realisieren. Anhand der vorliegenden Studie kann jedoch grundlegend ausgesagt werden, dass für höhere Querdisparitäten als 0,61 Grad konstant eine Unterscheidbarkeit in der technologieabhängigen Bewertung auftrat. Dass unterhalb dieses Wertes keine Unterscheidbarkeit festgestellt werden konnten, ist nur bedingt auf die Schwellenwerte der Wahrnehmung von Tiefenreizen zurückzuführen, da der kleinste Wert mit 0,20 Grad im vorliegenden Experiment um den Faktor fünf höher lag als der von Coutant und Westheimer (1993, S. 5) empirisch erhobene Schwellenwert für 97,3 % der Bevölkerung (vgl. Tabelle 2.7). Vielmehr lag im Experiment keine rein stereoskopische Bedingung vor und dem Betrachter stand eine Vielzahl von monokularen Hinweisen zur Abschätzung von Abständen zur Verfügung. Hinweise in der virtuellen Umgebung wie Spurmarkierungen oder das entgegenkommende Fahrzeug geben aufgrund der relativen Größe, relativen Höhe und der vertrauten Größe dem Betrachter Hinweise zu den Abständen (vgl. Anlage D). Daraus kann geschlossen werden, dass der Vorteil der wahrnehmbaren Tiefe bei niedrigen Werten der Querdisparität für die Betrachter keinen Vorteil erbrachte und dies von monokularen Hinweisen überdeckt wurde (siehe McIntire et al., 2014, S. 24). Praktisch bedeutet dies, dass für die exemplarische Anwendung trotz des hohen menschlichen Vermögens, kleinste Unterschiede in der Querdisparität wahrzunehmen, größere wahrnehmbare Unterschiede aufgrund monoskopischen Hinweise in der Szene angewendet werden müssen.

Hinsichtlich der Hypothese H1-2, die besagt, dass eine erhöhte Perspektive eine bessere Situationsbewertung als eine flache Perspektive ermöglicht, zeigten sich in dieser Bedingung innerhalb der Gruppen „2D" und „3D" keine Unterschiede. Das Bewertungsverhalten folgt im Wesentlichen den Verläufen der Technologiebedingungen, womit die Hypothese H1-2 abgelehnt wird. Dies kann damit begründet werden, dass die Probanden in der Szene nur ein relevantes Objekt beobachteten und die Vorteile einer erhöhten Perspektive mit einer besseren Übersicht nur in komplexen Szenarien mit mehreren Objekten zum Tragen kommen.

Zur Untersuchung der Hypothese H1-3, die visuellen Beeinträchtigungen durch stereoskopische Darstellungen durch Einhaltung ergonomischer Grenzwerte betrachtete, wurden alle Bedingungen innerhalb der Bandbreite der empfohlenen Grenzwerte gestaltet. Der Wert von 0,61 Grad liegt dabei an der Grenze der von Broy, N. (2016, S. 71) erhobenen Werte für Querdisparitäten im Fahrzeug (vgl. Tabelle 2.8). Da die Studie teilweise größere Werte bis zu 1,09 Grad verwendete, wurden begleitend die subjektive visuelle Ermüdung sowie Bildqualität an mehreren Messzeitpunkten erhoben. Es zeigt sich, dass bei Einhaltung der empfohlenen Grenzwerte in Bezug auf die 1-Grad-Regel auch über den zeitlichen Verlauf der Studie von 50 Minuten keine negativen Auswirkungen bei den Probanden zu beobachten sind. Die Hypothese H1-3 kann somit angenommen werden. Die Ergebnisse sind damit vergleichbar mit den Aussagen von Ntuen et al. (2009, S. 394). Die Forschungsgruppe führte ähnliche Messungen in einem Zeitraum von 36 Minuten durch und fand gleichfalls nur geringfügige Effekte auf die visuelle Ermüdung unabhängig von der Monitortechnologie. Bezüglich der subjektiven Bildqualität zeigten sich für den verwendeten autostereoskopischen Monitor lediglich geringfügige Unterschiede auf niedrigem Niveau, die jedoch als unproblematisch eingestuft werden, was weiter für eine generell gute Qualität des 3D-Monitors im Vergleich zum 2D-Monitor spricht.

Vom methodischen Standpunkt aus zeigt sich eine gute Eignung des Erhebungsinstrumentes und des verwendeten Materials. Die von Hohm (2010) und Geyer (2013) entwickelte und angewandte Kritikalitätsskala zeigte für ein zeitunabhängiges Bewertungsverhalten eine gute Eignung ohne Boden- oder Deckeneffekte. Die Skala wurde über die ganze Bandbreite entlang der gewählten TTI-Werte und den übertragenen Werten der Querdisparität von den Probanden ausgenutzt.

Zusammenfassend wurde der Nachweis erbracht, dass stereoskopische Darstellungen in einem automobilen Kontext eine verbesserte Wahrnehmung ermöglichen. Autostereoskopische 3D-Monitore bieten im Vergleich zu 2D-Monitoren eine bessere Situationsbewertung von Verkehrssituationen im Kontext einer FAS/FIS-Anwendung. Stereoskopischer Fokus des Experimentes war ein entgegenkommender Verkehrsteilnehmer, dessen Tiefe in zwölf Stufen von 0,20–1,09 Grad systematisch parametriert wurde. Die Situation wurde anhand eines Kritikalitätsmaßes bewertet. In der Studie konnte ein beständiger Unterschied in der Wahrnehmung der Situation zwischen einer 2D- und 3D-Darstellung ab einer Querdisparität größer als 0,61 Grad festgestellt werden. Hinsichtlich visueller Ermüdung und subjektiv wahrgenommener Bildqualität konnten zwischen den Technologien keine Unterschiede gefunden werden, was für die Anwendbarkeit von autostereoskopischen Monitoren im Fahrer-Fahrzeug-Kontext spricht. Somit ist eine Übertragung in einen praktischen Anwendungsfall prinzipiell möglich.

Einschränkend müssen jedoch die Grenzen des vorliegenden Experimentes erwähnt werden: Die gewonnen Erkenntnisse können nicht direkt auf zeitkritische Anwendungen innerhalb einer Fahraufgabe angewendet werden, da der Fokus der Studie die Effekte der Monitortechnologie und der Perspektive isoliert auf das Bewertungsverhalten ohne Fahraufgabe betrachtete und das für das Autofahren typische Nutzerverhalten hinsichtlich geteilter Aufmerksamkeit und multiplen Handlungen nicht abgebildet wurde. Entsprechend bedarf es weiterer Forschung hinsichtlich der Bewertung einer räumlich dargestellten Verkehrsszene unter zeitlichen Aspekten sowie unter Ausführung einer Fahraufgabe, um einen funktionalen Kreuzungsassistenten zu bewerten. Liegt jedoch ein unkritischer Bewertungshorizont einer Situation vor, wie zum Beispiel bei einem Einparkmanöver, so können die erbrachten Ergebnisse Implikationen für eine weitere Anwendung in der Praxis liefern. Bezüglich der Forschungsdomäne stereoskopischer Anzeigen konnten bestehende Erkenntnisse hinsichtlich der Anwendbarkeit ergonomischer Grenzwerte von Querdisparitäten und deren Effekte auf visuelle Ermüdung bestätigt werden. Weiterhin wurde ein Beitrag zu praxisrelevanten Quer-disparitäten in Bezug auf die räumliche Wahrnehmung in stufenlosen Darstellungen geleistet.

## 3.3  Wahrnehmungsleistung auf autostereoskopischen Displays

Ziel der Studie ist die Bestimmung von Schwellenwerten für gestufte Darstellungen, ab denen ein zuverlässiges „Finden, Identifizieren und Klassifizieren von Objekten" in Abhängigkeit der stereoskopischen Unterscheidbarkeit und der Anzeigedauer möglich ist. Die Ausrichtung der Studie soll dabei Erkenntnisse für die praktische Gestaltung von dreidimensionalen Benutzeroberflächen liefern, die zum Beispiel für das Kombiinstrument oder verschiedene FIS in der Mittelkonsole benötigt werden. In alltäglichen Fahrsituationen führt ein Fahrer permanent Prüfblicke auf das Kombiinstrument oder die Anzeigen in der Mittelkonsole aus. Mittels schneller Augenbewegungen extrahieren Fahrer in kürzesten Zeiträumen permanent handlungsrelevante Informationen aus den Anzeigen, um fahraufgabenrelevante Handlungen daraus abzuleiten. Dabei ist jedoch anhand der in Abschnitt 2.2.4 diskutierten ergonomischen Anforderungen an FAS/FIS darauf zu achten, dass ein entsprechendes System den Fahrer möglichst fehlerfrei und eindeutig in seiner Fahraufgabe unterstützt. Weiterhin ist es notwendig, die in Abschnitt 2.2.3 erörterten ergonomischen Anforderungen stereoskopischer Darstellungen einzubeziehen und die Belastung durch zu hohe Querdisparitäten auszuschließen, indem diese möglichst geringgehalten werden. Werden also im Sinne einer automobilen Anwendung Informationen auf Anzeigen mittels des Merkmals Tiefe kodiert, so ist darauf zu achten, dass diese entsprechend beeinträchtigungsfrei wahrgenommen und fehlerfrei interpretiert werden können. So zeigten Sandbrink et al. (2017, S. 156) die Vorteile stereoskopischer Darstellungen in Bezug auf die Wahrnehmungsleistung, vor allem bei schwierigen Aufgaben auf, jedoch fanden Patterson und Fox (1984, S. 408) Hinweise darauf, dass bei zu kurzen Anzeigedauern von Reizen, die Fähigkeit zur stereoskopischen Unterscheidung vermindert wird, was die grundlegenden Vorteile stereoskopischer Anzeigen negieren würde. Wie in Abschnitt 2.2.1 beschrieben, basieren diese Vorteile auf der wahrnehmbaren Tiefe als salientes Attribut, wodurch die verbesserte Strukturierung von Informationen ermöglicht wird. Weiterhin wird eine verbesserte Differenzierbarkeit von Informationsclustern ermöglicht, was die Wahrnehmung mehrerer Objekte unterstützt und somit Informationsverluste minimiert. Sind also die stereoskopischen Unterschiede zu gering und deren Wahrnehmung ist nicht mehr möglich, so ist der Effekt einer höheren Wahrnehmungsleistung in Bezug auf stereoskopische Unterscheidbarkeit und Wahrnehmungsgeschwindigkeit nicht mehr existent.

Zur Ermittlung konkreter Schwellwerte, wird auf Basis der Versuche von Tam und Stelmach (1998, S. 57 f.) der direkte Zusammenhang von Anzeigedauer und stereoskopischer Unterscheidbarkeit der Reize untersucht. Dabei soll jedoch auf eine ausgestaltete Benutzeroberfläche verzichtet werden, um die Wahrnehmungsleistung ohne Störvariablen in einer klar definierten Untersuchungsumgebung zu untersuchen. Die Wahrnehmungsleistung orientiert sich dabei an der in Abschnitt 2.1.4 vorgestellten Operationalisierung. Diese wird durch den direkten Vergleich von zwei Würfeln, die in Tiefe und Größe variiert wurden, und dem Zählen von Objekten in einer 2D- als auch 3D-Bedingung untersucht. Weiterhin wurde die subjektiv empfundene visuelle sowie mentale Beanspruchung der Probanden über den Versuchszeitraum erhoben. Tabelle 3.10 gibt dazu die Hypothesen des vorliegenden Experimentes wieder. Im Folgenden soll das spezifische Forschungsdesign der Studie „Wahrnehmungsleistung" mit den angewandten Methoden, dem gestalteten Material inklusive Versuchsaufbau sowie Stichprobenbeschreibung vorgestellt werden.

### 3.3.1  Methode und Material

### 3.3.1.1 Versuchsdesign und Ablauf

Für den Versuch wurde ein Experimentaldesign erstellt, das den Faktor Wahrnehmungsleistung in Abhängigkeit von Darstellungsdauer und stereoskopischer Unterscheidbarkeit der Reize auf Basis einer visuellen Suche untersucht. Aufgrund des Versuchsziels, stereoskopische Darstellungen mit den Anforderungen an eine optische FAS/FIS-Anwendung, wie kurze Blickdauern und minimale ergonomische Belastung, zu untersuchen, wurde die Konstanzmethode mit

**Tabelle 3.10**   Studie „Wahrnehmungsleistung": Hypothesen
Quelle: eigene Darstellung

| # | Haupteffekt | Hypothese |
|---|---|---|
| H2-1 | Monitortechnologie | Stereoskopische Darstellungen ermöglichen eine höhere visuelle Wahrnehmungs-leistung bezüglich tiefenbezogener Objektmerkmale als zweidimensionale Anzeigen. |
| H2-2 | Ausprägung des Reizes | In Bezug auf die visuelle Wahrnehmungsleistung ist eine Variation der Größe weniger effizient als eine Variation der Tiefe. |
| H2-3 | Monitortechnologie | Stereoskopische Darstellungen ermöglichen eine höhere visuelle Wahrnehmungs-leistung bei der Erfassung mehrerer Objekte als zweidimensionale Anzeigen. |
| H2-4 | Anzahl dargestellter Objekte | Je schwieriger eine Aufgabe ist, desto höher ist der Unterstützungsgrad stereoskopischer Darstellungen. |

kontrolliert-randomisierter Reizdarbietung in verschiedenen Intensitäten angewendet (vgl. Abschnitt 3.1).

Zur Ausgestaltung des Versuchs wurde dabei auf das grundlagenorientierte Versuchsdesign von Tam und Stelmach (1998, S. 57 f.) zurückgegriffen. Sie untersuchten mittels der in Abbildung 3.12 schematisch dargestellten Reizpräsentation auf einem Oszilloskop unter Anwendung von Shutterbrillen den Einfluss von Anzeigedauer und stereoskopischer Tiefe auf die Wahrnehmungsleistung. Als Zielreize wurden dazu rein binokular wahrnehmbare Zufallsmusterstereogramme (vgl. Abschnitt 2.2.3) verwendet. Die Probanden wurden aufgefordert, per Knopfdruck zu bestätigen, ob der linke oder der rechte Reiz weiter vorn erscheint. Dabei wurde ein direkter Zusammenhang von Anzeigedauer und stereoskopischer Tiefe auf die visuelle Wahrnehmungsleistung belegt, jedoch kein Vergleich zu einem konventionellen Monitor vorgenommen. Das Design von Tam und Stelmach (1998) wurde daher für die Fragestellungen des vorliegenden Versuchs auf autostereoskopische Monitore im Fahrzeugkontext angepasst, erweitert sowie um Darstellungen auf einem 2D-Monitor ergänzt. Da zukünftige MMS in FAS/FIS-Anwendungen nicht auf rein binokulare Tiefendarstellungen zurückgreifen können und Informationen als Körper oder abgesetzte Ebenen dargestellt werden müssen, wurden die abstrakten Darstellungen der Zufallsmusterstereogramme durch volumetrische Körper ersetzt. Durch diese Art der Gestaltung wird ein Versuchsdesign erzeugt, dass sich für die vorliegenden Fragestellungen an einer realen Umsetzung in zukünftigen FAS/FIS-Anwendungen orientiert und damit anwendungsnäher im Vergleich zu den Experimenten von Tam und Stelmach (1998) ist. Dabei muss jedoch beachtet werden, dass wahrnehmbare monokulare Hinweise, wie relative Größe oder Höhe, in den Darstellungen enthalten sind, diese jedoch je nach Bedingung zu vernachlässigen sind (vgl. Abschnitt 2.2.3). Weiterhin wurden im vorliegenden Versuch fixierte Anzeigedauern verwendet, um den Einfluss des Reaktionsvermögens der Probanden auszuschließen. Generell blieb jedoch das in Abbildung 3.12 dargestellte Prinzip der Reizpräsentation erhalten.

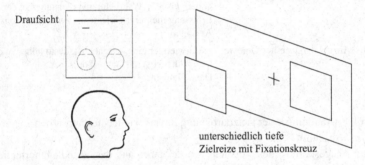

**Abbildung 3.12**   Studie „Wahrnehmungsleistung“: Schema der Reizpräsentation
Quelle: nach Tam und Stelmach (1998, S. 57)

Im Detail wurde ein Experiment gestaltet, das mittels eines between-subjects-Designs mit Messwiederholungen den Einfluss von kontrollierten Darstellungsdauern und stereoskopischer Unterscheidbarkeit auf die visuelle Wahrnehmungsleistung in Abhängigkeit von der Monitortechnologie (2D und 3D) in vier grundlegenden Versuchsbedingungen untersucht. Die Bedingung „Tiefe“ beinhaltet den Vergleich von zwei Würfeln durch die Probanden, die unidimensional (nur eine Merkmalsveränderung) in der Tiefenposition variiert wurden. In der zweiten Bedingung „Größe“ wurden lediglich die Kantenlängen der Würfel in ihrer Größe ohne Änderungen der Tiefenposition variiert. Die wahrnehmbaren Größenunterschiede zwischen den Bedingungen „Tiefe“ und „Größe“ wurden dabei weitestgehend konstant gehalten und dienten dem direkten Vergleich monokularer und binokularer Tiefenhinweise (vgl. Abschnitt 2.2.1). Weiterhin wurden zwei Aufgaben in den Bedingungen „Körper“ und „Würfel“ gestaltet, in denen der Einfluss der Objektanzahl und der Monitortechnologie auf die Wahrnehmungsleistung untersucht wurde.

Die Bedingungen „Körper" und „Würfel" unterscheiden sich dabei in der Ausgestaltung der einzelnen zu zählenden Objekte. Zum einen wurden unterschiedliche Körper, wie Quader, Pyramiden oder Zylinder, präsentiert oder identische Würfel. Diese Unterscheidung diente der Untersuchung des Aspektes der Unterscheidbarkeit von Informationsstrukturen in Abhängigkeit von der geometrischen Vielfalt der Objekte. Zur Quantifizierung dieser Aussagen wurden die Probanden dazu aufgefordert, die wahrgenommenen Objekte zu zählen. Alle Versuchsbedingungen liefern durch dieses Design Aussagen zur visuellen Wahrnehmungsleistung in Abhängigkeit von der Monitortechnologie, betrachten jedoch auch die Aspekte zu sensorischen Schwellen und binokularer Unterstützung in der Wahrnehmung von mehreren Objekten. Im Folgenden soll der konkrete Ablauf des Versuchs beschrieben werden.

Zu Beginn des Versuches wurde wiederholt die grundlegende Fähigkeit zur Wahrnehmung von 3D-Inhalten mittels des Lang-Stereotest I und II (Lang, J., 1982, S. 39 ff.) sowie das subjektive Sehvermögen (NEI-VFQ 25, Mangione et al., 2001, S. 1055) getestet. Weiterhin erfolgte die Erhebung soziodemografischer Daten und die Abstandsmessung zum Monitor als ergonomisches Merkmal. Zum Abgleich der Gruppen hinsichtlich kognitiver Leistungs- und Verarbeitungsgeschwindigkeit wurde vor dem Versuch der Zahlenverbindungstest (ZVT) nach Oswald und Roth (1987) durchgeführt. Folgend wurden den Probanden alle vier Versuchsbedingungen in randomisierter Reihenfolge präsentiert. Dabei wurde die Methode des „Display-Blanking" verwendet, die eine vereinfachte Version der Okklusionsmethode ist und mit der in kurzen Zeitabständen Reize ein- und ausgeblendet werden können (Krause, Donant & Bengler, 2015, S. 2650 ff.). Waren die Reize ausgeblendet, so wurde zwischen den Zielreizen ein Fixationspunkt zur Stabilisierung der Fixation der Probanden eingeblendet (vgl. Abbildung 3.12; Tam & Stelmach, 1998, S. 57). Waren Reize eingeblendet, so wurden die Probanden instruiert, entweder den Ort des Zielreizes zu bestimmen (bei „Größe" und „Tiefe" jeweils links/rechts) oder die Anzahl der erkannten Objekte zu nennen. Waren sich die Probanden nicht sicher, so waren diese dazu angehalten zu raten (erzwungene Wahl). Durch das aggregierte Antwortverhalten der Probanden kann somit ein direkter Rückschluss auf die Erkennungsleistung in Abhängigkeit von Darstellungsdauer und stereoskopischer Unterscheidbarkeit gezogen werden.

Für alle Versuchsbedingungen war es erforderlich, eine Vielzahl von Messwiederholungen durchzuführen, um eine statistisch relevante Aussage zu erhalten (vgl. Abschnitt 3.1). Dies bedeutet jedoch für Probanden eine hohe Belastung, die mit entsprechenden Kontrollvariablen abgeglichen werden muss. Der mögliche Leistungsabfall der Probanden beziehungsweise die damit einhergehende visuelle Ermüdung wurde im Versuchsverlauf kontinuierlich mittels des NASA-Task-Load-Index (NASA-TLX) von Hart und Staveland (1988, S. 169) und dem VFQ von Bangor (2000, S. 117) kontrolliert. Um die Befragung zwischen den Bedingungen kurz zu halten, wurde eine gekürzte Version des VFQ (VFQ-k) verwendet, die in Anlage E einsehbar ist. Weiterhin war es aufgrund der Vielzahl der präsentierten Reize nicht möglich, an jedem Messpunkt einen subjektiv festgestellten Größen- oder Tiefenunterschied zu erfragen. Um eine generelle Einschätzung zum 3D-Effekt und dessen Differenzierbarkeit zu erhalten, wurden die Probanden aufgefordert, diesen im Anschluss zu bewerten.

Die Gesamtdauer des Versuches betrug circa 60 Minuten. Die jeweiligen Versuchsabschnitte hatten eine Länge von 10 bis 15 Minuten. Tabelle 3.11 gibt über den chronologischen Versuchsverlauf und die in jedem Abschnitt verwendeten Methoden und Fragebögen eine Übersicht. Sämtliche ausgegebenen Fragebögen können in Anlage E eingesehen werden.

### 3.3.1.2 Versuchsaufbau und Materialien

Für den Versuch wurde ein circa 18 m$^2$ großes Labor gewählt, in dem gleichbleibende Lichtbedingungen geschaffen werden konnten. Vor jedem Versuch wurden vom Versuchsleiter die Jalousien geschlossen sowie alle Deckenlampen angeschaltet. Der Versuchsaufbau erfolgt analog zur ersten Studie (vgl. Abschnitt 3.2.1.2). Es wurde wiederholt der in Abschnitt 3.1 vorgestellte autostereoskopische Monitor verwendet sowie der maskierte 2D-Monitor EIZO FlexScan S2402W. Beide Monitore wurden auf die maximale Bildwiederholfrequenz des autostereoskopischen Displays von 60 Hz eingestellt und im vertikalen Bildaufbau synchronisiert, um die angezeigten Bilder konsistent darzustellen und zeitliche Überschneidungen zwischen festgelegter Anzeigedauer und einem neuen Bildaufbau zu vermeiden. Auf Basis dieser Bildwiederholfrequenz und den festgelegten Anzeigedauern ergeben sich die in Tabelle 3.12 dargestellten Fehler der Anzeigedauer. Der maximale mögliche Fehler beträgt $\pm16{,}67$ ms[4].

Die Materialien für den Versuch wurden mit der Software SketchUp der Firma Trimble Navigation Ltd. erstellt. Die für den Hauptversuch relevanten Kategorien sind mit Beispielbildern in Abbildung 3.13 dargestellt. Zur bestmöglichen Eliminierung von Störvariablen wurden alle vier Bedingungen hinsichtlich der

---

[4]Für aktuelle 2D-Monitore sind höhere Bildwiederholraten von bis zu 200 Hz möglich, jedoch wurde zur Beibehaltung der Vergleichbarkeit mit dem 3D-Monitor auf einen Einsatz verzichtet.

**Tabelle 3.11**  Studie „Wahrnehmungsleistung": Versuchsablauf
Quelle: eigene Darstellung

| Versuchsabschnitt | | Methode | subjektive Daten |
|---|---|---|---|
| 1 | Begrüßung und erste Fragebögen | Befragung | Einverständniserklärung Stereo-Lang-Test I und II Zahlenverbindungstest (ZVT) Sehvermögen (NEI-VFQ 25) visuelle Ermüdung I (VFQ) |
| 2 | Wahrnehmung I | Befragung | visuelle Ermüdung I kurz (VFQ-k) Beanspruchung I (NASA-TLX) |
| 3 | Wahrnehmung II | Befragung | visuelle Ermüdung II kurz (VFQ-k) Beanspruchung II (NASA-TLX) |
| | Pause (2 Minuten) | – | – |
| 4 | Wahrnehmung III | Befragung | visuelle Ermüdung III kurz (VFQ-k) Beanspruchung III (NASA-TLX) |
| 5 | Wahrnehmung IV | Befragung | visuelle Ermüdung II (VFQ) Beanspruchung IV (NASA-TLX) |
| 6 | Abschlussfragebögen und Verabschiedung | Befragung | subjektive Einschätzung 3D-Effekt soziodemografische Daten |

ergonomischen Anforderungen an stereoskopische Ansichten gestaltet. Es wurden keine weiteren Merkmale außer den Zielmerkmalen variiert sowie statische Objekte mit möglichst hohem Kontrast zur Minimierung visueller Beeinträchtigungen verwendet. Weiterhin wurde bei der Erstellung der Bilder für die Kategorien „Körper", „Würfel", „Größe" und „Tiefe" zur Beibehaltung konstanter Versuchsbedingungen darauf geachtet, dass sich alle Objekte abseits der horizontalen und vertikalen Mittelachsen der Monitore befinden und im Minimum mindestens zwei Seiten eines Würfels wahrnehmbar sind[5]. Zudem wurde in den

---

[5]Diese Art der Darstellung kann in Abbildung 3.13 in den Kategorien „Tiefe", „Größe" und „Würfel" betrachtet werden. Bei allen Würfeln sind die Seitenflächen noch minimal wahrnehmbar. Diese wären bei zu naher Positionierung an den Mittelachsen nicht mehr wahrnehmbar.

**Tabelle 3.12** Studie „Wahrnehmungsleistung": Fehler bei Anzeigedauern (60 Hz Bildwiederholrate)
Quelle: eigene Darstellung

| Dauer [ms] | 25 | 50 | 75 | 100 | 125 | 150 | 175 | 200 |
|---|---|---|---|---|---|---|---|---|
| n Bilder [min/max] | 1/2 | 3/3 | 4/5 | 6/6 | 7/8 | 9/9 | 10/11 | 12 |
| ± Fehler [ms] | 8,3 | 0 | 8,3 | 0 | 8,3 | 0 | 8,3 | 0 |
| Dauer [min/max] | 16,7/33,3 | 50/50 | 66,7/83,3 | 100/100 | 116,7/133,3 | 150/150 | 166,7/183,3 | 200/200 |
| ± Fehler [%] | 33,33 | 0 | 11,11 | 0 | 6,66 | 0 | 4,76 | 0 |

Versuchsbedingungen „Körper" sowie „Würfel" darauf geachtet, dass sich keine Körper gegenseitig überlappen. Dies hätte zur Folge, dass zwei unabhängige Körper in der kurzen Wahrnehmungszeit als ein Objekt aufgefasst werden könnten und der Schwierigkeitsgrad für das korrekte Zählen der Objekte für die Probanden wesentlich schwieriger ausfallen würde. Für alle dargestellten Würfel gilt, dass die Ausrichtung mit der Fläche zum Betrachter erfolgte. Somit können nur minimale monokulare Tiefenreize durch die in die Tiefe verlaufenden Kanten wahrgenommen werden und sind damit als Störvariable soweit möglich eliminiert.

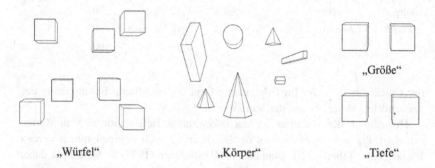

**Abbildung 3.13** Studie „Wahrnehmungsleistung": Beispiele des verwendeten Bildmaterials
Quelle: eigene Darstellung

Insgesamt wurden einhundert Zielreize in unterschiedlichen Versionen erstellt, um bei Wiederholungen wiedererkennbare Reize zu vermeiden. Tabelle 3.13 gibt dazu einen Überblick über Art, Variation sowie Versionen des verwendeten Bildmaterials. In den Bedingungen „Tiefe" und „Größe" wurde jeder Messpunkt in zwei Variationen dreimal wiederholt, was effektiv sechs Messwiederholungen für jeden Reiz ergibt. Bei zwanzig Probanden, fünf Merkmalsstufen und acht Anzeigedauern ergeben sich damit 4.800 Messpunkte pro Gruppe. Für die Bedingungen „Würfel" und „Körper" wurden die drei Variationen nicht wiederholt. Damit ergaben sich mit fünf Anzahlvariationen und acht Anzeigedauern für zwanzig Probanden 2.400 Messpunkte.

Alle Variationen wurden in einer Vorstudie mit vier Teilnehmern untersucht. Ziel war es, erste Erkenntnisse hinsichtlich visueller Belastung sowie der Machbarkeit der Aufgaben zu erzeugen. Weiterhin sollte festgestellt werden, ob Messfehler durch eventuelle Boden- oder Deckeneffekte durch zu einfache oder zu schwierige Aufgaben auftreten. Dabei wurde eine gute Eignung der Aufgabenschwierigkeiten in Relation zur Anzeigedauer, Tiefenstaffelung sowie Anzahl

**Tabelle 3.13** Studie „Wahrnehmungsleistung": Übersicht über die Variationen des Bildmaterials
Quelle: eigene Darstellung

| Bedingung | Art der Variation | Bereich der Variation | Versionen | Anzahl der Reize in 2D und 3D |
|---|---|---|---|---|
| „Tiefe" | Tiefe | 10–50 % rel. Versatz | 2 pro Variation | 20 |
| „Größe" | Größe | 101–105 % Volumen | 2 pro Variation | 20 |
| „Körper" | Anzahl | 6–10 Stück | 3 pro Variation | 30 |
| „Würfel" | Anzahl | 6–10 Stück | 3 pro Variation | 30 |
| | | | *Gesamt:* | 100 |

der Objekte festgestellt. Im Folgenden erfolgt die detaillierte Beschreibung des verwendeten Materials und der Variationen.

Hinsichtlich der Variation der stereoskopischen Tiefe wurde sich an Werten orientiert, die von einem Großteil der Bevölkerung noch wahrgenommen werden können (vgl. Tabelle 2.8). Coutant und Westheimer (1993, S. 5) stellten dabei fest, dass 97,3 % der Bevölkerung Tiefenreize bei einer Querdisparität von circa 0,038 Grad unterscheiden können. Hinsichtlich schneller Suchen konnten Sassi et al. (2014, S. 155) für die Werte von circa 0,038 bis 0,065 Grad Querdisparität gute Ergebnisse erzielen. Einen weiteren Kennwert stellen die von de la Rosa, S. et al. (2008, S. 154) gefunden Werte von 0,1 Grad und höher dar, ab denen zuverlässig schnelle Suchen in stereoskopischen Anzeigen erfolgten (vgl. Abschnitt 2.2.3). In Hinsicht auf experimentelle Reserven oberhalb der gefundenen Werte wurde die stereoskopische Tiefe für den vorliegenden Versuch gleichmäßig in fünf Stufen von 0,038 bis 0,20 Grad in Schritten von circa 0,039 Grad variiert. Alle Objekte wurden dabei im virtuellen Raum vor der Monitorebene platziert (gekreuzte Querdisparität). Eine detaillierte Auflistung aller zur Berechnung notwendigen Parameter sowie der verwendeten Querdisparitäten findet sich in Anlage G, Tabelle AG59. Die Variation der Größenunterschiede orientiert sich an der geometrisch-optischen Scheingröße der verwendeten Tiefenreize mit einer maximalen Abweichung von 0,66 mm. Hinsichtlich der Objektanzahl wurden in der Vorstudie mindestens vier Objekte verwendet. Für den Hauptversuch wurde die Anzahl jedoch auf mindestens sechs angehoben, da sich deutliche Deckeneffekte zeigten. Grundlegend erfolgt jedoch ab vier Objekten eine visuelle Suche und die Simultanerfassung von Objekten ist nicht mehr möglich (Trick & Pylyshyn, 1994, S. 81). Für diese Reize wurde die Querdisparität nicht variiert. Alle

Objekte wurden mittig auf der Monitorebene platziert. Die maximale gekreuzte und ungekreuzte Querdisparität betrug in der 3D-Bedingung 0,076 Grad.

Die Anzeigedauern aller Reize wurden beginnend bei 25 ms in Schritten von 25 ms bis zu 200 ms variiert. Für diese Werte wurde sich an der Literatur orientiert, die sowohl für minimale Blickdauern im Fahrzeug gelten als auch für typische Experimente, in denen mittels visueller Suchen Schwellenwerte bestimmt wurden. Rockwell, Bhise & Nemeth, 1973; nach Bhise, 2016, S. 230) fanden für Blicke auf die Instrumententafel minimale Blickabwendungszeiten von 0,41 Sekunden und Hada (1994, S. 24) Werte von 0,43–0,58 Sekunden im 1. Quartil der Messungen. Die Autoren der AAM-Richtlinien versprechen sich für zukünftige Anwendungen auf Basis neuartiger Technologien minimale Blickzeiten von 300 ms für Prüfblicke (AAM, 2006, S. 41). Als Untergrenze verwendeten Tam und Stelmach (1998, S. 58) in ihrer Studie zur Wahrnehmungsleistung in Abhängigkeit von Anzeigedauer und stereoskopischer Tiefe die minimale Anzeigedauer von 20 ms. In dieser Zeit waren bereits circa 50 % der Probanden in der Lage, eine korrekte Unterscheidung zwischen den Zielreizen zu treffen.

Die Anzeige der Reize wurde mit der Software SILAB 5.1 der Firma Würzburger Institut für Verkehrswissenschaften GmbH gesteuert. Zwischen den Zielreizen betrugen die Bildpausen drei Sekunden in den Bedingungen „Tiefe" und „Größe" sowie 4,5 Sekunden in den Bedingungen „Würfel" und „Körper". Diese Werte betrugen im Vortest noch fünf Sekunden und wurden aufgrund der Rückmeldungen der Probanden eingekürzt. In einer Analyse zu Laufzeitzeitfehlern der Software SILAB wurde ein mittlerer Wert von 0,014 ms ermittelt, was eine hinreichende Genauigkeit zur Anzeige der Bilder ist.

### 3.3.1.3 Datenaufbereitung

Die Fragebögen zur „visuellen Ermüdung" wurden analog zur vorangegangenen Studie erfasst und skaliert. Die Auswertung zum subjektiven Workload (NASA-TLX) erfolgte ohne Gewichtung, da für die Studie lediglich ein relativer Vergleich der Items zwischen der unabhängigen Variable „Monitortechnologie" von Interesse war und keine absolute Aussage hinsichtlich der Gesamtbeanspruchung getroffen werden. Der ZVT wurde entsprechend der Vorgehensweise im Manual mittels der Tabelle „Normwerte für Einzelversuche - Alter 16 bis 60 Jahre" ausgewertet (Oswald & Roth, 1987, S. 55).

### 3.3.1.4 Stichprobenbeschreibung

Für die Studie „Wahrnehmungsleistung" wurden $N = 40$ Probanden (weiblich = 20; männlich = 20) eingeladen und in die Gruppen „2D" und „3D" in Abhängigkeit von der verwendeten Monitortechnologie randomisiert zugeteilt. Es wurde lediglich auf eine Gleichverteilung der Geschlechter geachtet. Die Rekrutierung erfolgte über die Probandendatenbank der Professur Arbeitswissenschaft und Innovationsmanagement sowie über persönliche Ansprache von Angehörigen der TU Chemnitz. Die Grundvoraussetzung für die Teilnahme am Versuch war die Fähigkeit zum stereoskopischen Sehen. Eine Probandenvergütung wurde nicht ausgezahlt.

Das Durchschnittsalter der Stichprobe betrug 27,1 Jahre ($SD = 4{,}2$). Für beide Gruppen wurden bezüglich des Geschlechtes, des Alters, der Fähigkeit zum Stereosehen sowie des Betrachtungsabstandes zum Monitor auf Basis gruppenweiser Vergleiche keine Unterschiede gefunden. Alle teilnehmenden Probanden waren in der Lage stereoskopische Inhalte wahrzunehmen und der gewählte Sichtabstand zum Monitor befindet sich innerhalb der Toleranzen des verwendeten autostereoskopischen Displays (siehe Abschnitt 3.1). Bezüglich des subjektiv eingeschätzten Sehvermögens liegen die Ergebnisse auf hohem bis sehr hohem Niveau und es wurden zwischen den Gruppen keine signifikanten Unterschiede gefunden. Generell kann festgestellt werden, dass homogene Gruppen am Versuch teilnahmen. Die ausführliche Beschreibung der Stichprobe inklusive möglicher moderierender Variablen ist in Tabelle 3.14 gegeben.

### 3.3.2 Ergebnisse

Die Ergebnisse wurden entsprechend der beiden Hauptgruppen „2D" und „3D" in Abhängigkeit von der verwendeten Monitortechnologie ausgewertet und werden in den Kategorien „Antwortverhalten", „subjektiver Workload", „visuelle Ermüdung" vorgestellt. Alle Datensätze sind vollständig.

### 3.3.2.1 Wahrnehmungsleistung

Das generelle Antwortverhalten als Indikator für die Wahrnehmungsleistung ist in Abbildung 3.14 dargestellt. Dabei zeigen sich aufgrund der gewählten Methode zur Schwellenwertbestimmung die erwarteten minimalen Unterschiede zwischen den Gruppen. Die Bedingungen „Würfel" und „Körper" waren für die Probanden dabei am schwierigsten zu bewältigen. Auf fünfstufigen Skalen mit den Endpunkten „überhaupt nicht" und „eindeutig" konnten die Probanden der 3D-Gruppe eine subjektive Einschätzung ihrer Wahrnehmung angeben. Die Einschätzung, wie oft der 3D-Effekt wahrgenommen wurde, lag bei $M = 36\ \%$ ($SD = 15{,}5$). Hinsichtlich der „Differenzierbarkeit der Objekte" wurde im Mittel mit $M = 3{,}6$ ($SD = 1{,}1$) und bei „Deutlichkeit des 3D Effektes" mit $M = 2{,}6$ ($SD = 1{,}2$) geantwortet.

**Tabelle 3.14**  Studie „Wahrnehmungsleistung": ausführliche Stichprobenbeschreibung
Quelle: eigene Darstellung

| Variablen $N = 40$ | $M$ | $SD$ | gruppenweiser Vergleich 2D/3D | statistische Signifikanz $(p)$ |
|---|---|---|---|---|
| *soziodemografische Daten* | | | | |
| Geschlecht | | | $\chi^2 (1, 40) = 0.10$ | .752 |
| Alter [Jahre] | 27,1 | 4,18 | $t(38) = -0.53$ | .602 |
| *3D Sehen und Ergonomie* | | | | |
| Lang-Stereotest | 1,05 | 0,09 | t(38) = −0.90 | .374 |
| Abstand zum Monitor [cm] | 61,8 | 6,9 | t(38) = 0.36 | .718 |
| *subjektives Sehvermögen* | | | | |
| allgemeine Gesundheit | 76,88 | 18,25 | $t(38) = -0.65$ | .523 |
| allgemeine Sehfähigkeit | 82,00 | 12,65 | $t(38) = -0.50$ | .623 |
| Augenschmerzen | 81,88 | 21,17 | $t(38) = -1.32$ | .195 |
| nahe Aktivitäten | 93,54 | 8,54 | $t(38) = 0.46$ | .650 |
| entfernte Aktivitäten | 90,63 | 9,28 | $t(38) = 0.42$ | .676 |
| Fahren | 67,31 | 7,91 | $t(38) = 0.66$ | .515 |
| Farbsehen | 97,50 | 7,60 | $t(38) = 1.04$ | .304 |
| Peripheres Sehen | 95,00 | 11,60 | $t(38) = -1.38$ | .176 |
| Zahlenverbindungstest | 112,08 | 15,78 | $t(38) = 0.47$ | .630 |

Ein Überblick über das Antwortverhalten in allen Bedingungen und Variationen ist in Anlage G, Tabelle AG60 und Tabelle AG61 gegeben.

Zum direkten Vergleich der Bedingungen „Tiefe" und „Größe" wurde ein asymptotischer Wilcoxon-Test durchgeführt. Dazu wurde der Mittelwert aller sechs Messungen an einem Messpunkt (Anzeigedauer × Merkmalsvariation) gebildet. Zwischen beiden Darstellungen wurden signifikante Unterschiede gefunden, wobei die Wahrnehmungsleistung in der Bedingung „Tiefe" höher ist (3D: $z = -6,704$, $p < .001$; 2D: $z = -3,764$; $p < .001$; $N = 800$). Für beide Gruppen liegt nach Field (2009, S. 550) jeweils ein kleiner bis mittlerer Effekt vor (3D: $r = .24$; 2D: $r = .13$). Im weiteren Verlauf wurde die detaillierte Auswertung auf Basis einer logistischen Regression durchgeführt und ist für die Kondition „Tiefe" in Tabelle 3.15 dargestellt. Bei einer aufgeklärten Varianz von

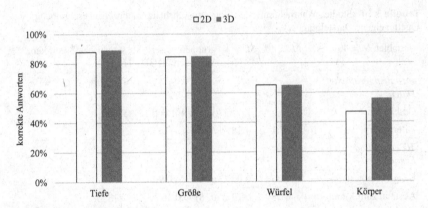

**Abbildung 3.14**  Studie „Wahrnehmungsleistung": generelles Antwortverhalten
Quelle: eigene Darstellung

20,4 % wurde für alle Faktoren ein signifikanter Effekt auf das Antwortverhalten gefunden. Größere Anzeigedauern und Tiefenkoeffizienten wirken sich positiv auf das Antwortverhalten aus, die Verwendung eines 2D-Monitors negativ. Dabei zeigt sich für die Anzeigedauer der geringste Einfluss auf das Antwortverhalten, wohingegen die Tiefenvariation für eine richtige Antwort relevanter ist. Der größte Einfluss kann auf die Displayart zurückgeführt werden. Dies zeigt sich auch im direkten Vergleich des Antwortverhaltens zwischen „2D" und „3D" mittels Mann-Whitney-U-Test, für den ein signifikanter Unterschied mit kleinem Effekt gefunden wurde.

Für die in Tabelle 3.16 dargestellten Ergebnisse in der Kondition „Größe" wurde in Bezug auf das Antwortverhalten kein signifikanter Effekt durch die Monitortechnologie gefunden. Die Darstellungsart hat somit keinen Einfluss auf die visuelle Wahrnehmungsleistung, was sich auch im direkten Vergleich des Antwortverhaltens zwischen „2D" und „3D" mittels Mann-Whitney-U-Test zeigt, für den kein signifikanter Unterschied auf Basis der Technologie gefunden wurde.

Für den Vergleich der Bedingungen „Würfel" und „Körper" wurde ebenfalls ein asymptotischer Wilcoxon-Test durchgeführt. Dazu wurde der Mittelwert aller drei Messungen an einem Messpunkt gebildet. In beiden Darstellungsarten wurden signifikante Unterschiede gefunden, wobei die Wahrnehmungsleistung in der Bedingung „Würfel" höher ist (3D: $z = -8{,}785$, $p < .001$; 2D: $z = -8{,}463$; $p < .001$; $N = 800$). Für beide Gruppen liegt nach Field (2009, S. 550) für jede Gruppe ein mittlerer Effekt vor (3D: $r = .31$; 2D: $r = .30$). Tabelle 3.17

**Tabelle 3.15** Studie „Wahrnehmungsleistung": Ergebnisse der Regression für die Tiefenrezeption
Quelle: eigene Darstellung

| | unterer Wert | B (95%-CI) | oberer Wert | $\beta$ | Signifikanz ($p$) |
|---|---|---|---|---|---|
| Konstante | | ,798 | | −,225 | .107 |
| Anzeigedauer | 1,003 | 1,004 | 1,005 | ,004 | < .001 |
| Tiefenkoeffizient | 1,082 | 1,089 | 1,095 | ,085 | < .001 |
| Monitortechnologie | ,754 | ,861 | ,984 | −,149 | .028 |
| Nagelkerkes $R^2 = 0.204$ | | | | | |
| Antwortverhalten | $N_{ges}$ (2D/3D) | $U$ | $z$ | $r$ | *Signifikanz ($p$)* |
| korrekte Antworten | 9600 (4215/4280) | 11364000 | −2.079 | −0,021 | .038 |

**Tabelle 3.16** Studie „Wahrnehmungsleistung": Ergebnisse der Regression für die Größenrezeption
Quelle: eigene Darstellung

| | unterer Wert | B (95%-CI) | oberer Wert | $\beta$ | Signifikanz ($p$) |
|---|---|---|---|---|---|
| Konstante | | ,000 | | −60,370 | < .001 |
| Anzeigedauer | 1,002 | 1,003 | 1,004 | ,003 | < .001 |
| Größenkoeffizient | 1,741 | 1,825 | 1,914 | ,602 | < .001 |
| Monitortechnologie | ,925 | 1,040 | 1,169 | ,039 | .511 |
| Nagelkerkes $R^2 = 0.135$ | | | | | |
| Antwortverhalten | $N_{ges}$ (2D/3D) | $U$ | $z$ | $r$ | *Signifikanz ($p$)* |
| korrekte Antworten | 9600 (4093/4071) | 11467200 | −.630 | −0,006 | .529 |

und Tabelle 3.18 geben die Ergebnisse der Regression in den Bedingungen „Würfel" und Körper" wieder. Alle Faktoren haben einen signifikanten Einfluss auf das Bewertungsverhalten. Für die jeweiligen Bedingungen beträgt die aufgeklärte Varianz 20,5 % und 15,9 %. Wiederholt hat die Anzeigedauer dabei den geringsten Einfluss. Die Anzahl der angezeigten Würfel sowie die Monitortechnologie weisen einen größeren Einfluss auf das Bewertungsverhalten auf. Je weniger

Objekte sichtbar sind, desto korrekter die Antworten. Weiterhin wirkt sich die Verwendung eines autostereoskopischen Displays mit kleinem Effekt positiv auf die Erkennungsleistung aus, was durch den Mann-Whitney-U-Test bestätigt wurde.

**Tabelle 3.17**  Studie „Wahrnehmungsleistung": Ergebnisse der Regression für Anzahl „Würfel"
Quelle: eigene Darstellung

| | unterer Wert | B (95%-CI) | oberer Wert | $\beta$ | Signifikanz $(p)$ |
|---|---|---|---|---|---|
| Konstante | | 460,515 | | 6,132 | < .001 |
| Anzeigedauer | 1,001 | 1,002 | 1,003 | ,002 | .002 |
| Objektanzahl | ,496 | ,522 | ,549 | −,650 | < .001 |
| Monitortechnologie | ,826 | ,826 | ,942 | −,191 | .004 |
| Nagelkerkes $R^2 = 0.205$ | | | | | |
| Antwortverhalten | $N_{ges}$ (2D/3D) | $U$ | $z$ | $r$ | Signifikanz $(p)$ |
| korrekte Antworten | 4800 (1564/1650) | 2776800 | −2.64 | −0,038 | .008 |

**Tabelle 3.18**  Studie „Wahrnehmungsleistung": Ergebnisse der Regression für Anzahl „Körper"
Quelle: eigene Darstellung

| | unterer Wert | B (95%-CI) | oberer Wert | $\beta$ | Signifikanz $(p)$ |
|---|---|---|---|---|---|
| Konstante | | 92,420 | | 4,526 | < .001 |
| Anzeigedauer | 1,001 | 1,002 | 1,003 | ,002 | < .001 |
| Objektanzahl | ,567 | ,593 | ,620 | −,522 | < .001 |
| Monitortechnologie | ,673 | ,760 | ,858 | −,274 | < .001 |
| Nagelkerkes $R^2 = 0.159$ | | | | | |
| Antwortverhalten | $N_{ges}$ (2D/3D) | $U$ | $z$ | $r$ | Signifikanz $(p)$ |
| korrekte Antworten | 4800 (1219/1363) | 2707200 | −4,17 | −0,060 | < .001 |

Zur Feststellung konkreter Schwellenwerte in Abhängigkeit von der Aufgabenleistung wurde ähnlich zu Tam und Stelmach (1998, S. 59) ein 75 %- sowie ein

95 %-Kriterium bezüglich korrekter Antworten festgelegt. Tabelle 3.19 gibt dazu einen Überblick über die Antwortniveaus und die Werte der einzelnen Variationen. Es ist dabei zu beachten, dass die Bedingungen hinsichtlich ihrer Merkmalsausprägung (z. B. eine Variation der Querdisparität) zusammengefasst worden sind. Die Anzeigedauer wurde aufgrund des minimalen Einflusses für diese Analyse ausgeschlossen. Die ausführliche Darstellung der Antwortniveaus inklusive der Anzeigedauer ist in Anlage G, Tabelle AG60 sowie Tabelle AG61 gegeben.

**Tabelle 3.19** Studie „Wahrnehmungsleistung": Antwortniveaus in Abhängigkeit der Variationen
Quelle: eigene Darstellung

|  | min. Antwortniveau [%] (2D/3D + min. Variation) | Antwortniveau > 75 % (2D/3D + Grenzwert) | Antwortniveau > 95 % (2D/3D + Grenzwert) | max. Antwortniveau [%] (2D/3D + max. Variation) |
|---|---|---|---|---|
| Tiefe | 67/72 bei 10 % | 85/85 bei 20 % | 97/96 bei 40 % | 98/99 bei 50 % |
| Größe | 68/69 bei 101 % | 81/78 bei 102 % | 95/97 bei 105 % | 95/97 bei 105 % |
| Würfel | 41/44 bei 10 Objekten | 80/71 bei 7 Objekten | n. e. | 93/86 bei 6 Objekten |
| Körper | 26/30 bei 10 Objekten | 75/78 Bei 6 Objekten | n. e. | 75/78 bei 6 Objekten |

*n. e. = das 95 %-Antwortniveau wurde nicht erreicht

Die Analyse des Antwortverhaltens in Abhängigkeit des Schwierigkeitsgrades erfolgt anhand von Abbildung 3.15. Die Grafik gibt alle Mittelwerte des zusammengefassten Antwortverhaltens (kleiner und größer des 75 %-Niveaus) ohne den Einfluss der Anzeigedauer wieder. Hier zeigen sich wiederholt die Hauptergebnisse der logistischen Regression in den Bedingungen „Tiefe" und „Größe", sowie, dass die Tiefenvariation besonders bei schwierigen Aufgaben unterhalb der Grenze von 75 % einen Einfluss auf das Antwortverhalten hat. Hinsichtlich der Bedingungen „Würfel" und „Körper" zeigt sich, dass die Verwendung eines autostereoskopischen Monitors bei hohem Schwierigkeitsgrad (8–10 Objekte) effizienter ist als bei einfacheren Aufgaben (6 und 7 Objekte). In der Bedingung „Körper" zeigt sich die allgemein höhere Effizienz der Wahrnehmung auf einem 3D-Monitor, jedoch auf niedrigerem Niveau als in der Bedingung „Würfel".

Tabelle 3.20 gibt eine deskriptive Beschreibung der Anzeigedauern wieder, bei denen das 75 %-Antwortniveau zuverlässig erreicht wurde. Die Bedingung

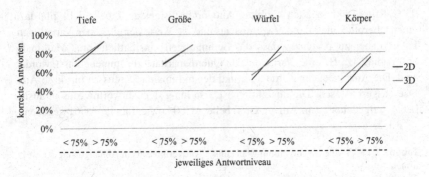

**Abbildung 3.15** Studie „Wahrnehmungsleistung": Antwortverhalten auf 75 % Antwortniveau
Quelle: eigene Darstellung

dafür war das Erreichen des Niveaus an zwei aufeinanderfolgenden Anzeigedauern, um Inkonsistenzen in den Daten zu minimieren. Dabei zeigt sich wiederholt die generelle Aufgabenschwierigkeit der einzelnen Aufgabenbedingungen. Die Wahrnehmung der Tiefen- und Größenunterschiede erfolgt dabei schneller als das Zählen von Objekten. Stereoskopische Darstellungen zeigen hier geringe Vorteile in der Wahrnehmungs-geschwindigkeit in Bezug auf das 75 %-Niveau.

**Tabelle 3.20** Studie „Wahrnehmungsleistung": Anzeigedauern ab 75 %-Antwortniveau
Quelle: eigene Darstellung

| Tiefe | | | Größe | | | Würfel | | | Körper | | |
|---|---|---|---|---|---|---|---|---|---|---|---|
| Tiefenvariation [%] und Anzeigedauer [ms] | | | Größenvariation [%] und Anzeigedauer [ms] | | | Objektanzahl und Anzeigedauer [ms] | | | Objektanzahl und Anzeigedauer [ms] | | |
| | 2D | 3D | | 2D | 3D | | 2D | 3D | | 2D | 3D |
| 10 | n. e. | n. e. | 101 | n. e. | n. e. | 10 | n. e. | n. e. | 10 | n. e. | n. e. |
| 20 | 25 | 25 | 102 | 75 | 50 | 9 | n. e. | n. e. | 9 | n. e. | n. e. |
| 30 | 25 | 25 | 103 | 25 | 25 | 8 | 150 | 125 | 8 | n. e. | n. e. |
| 40 | 25 | 25 | 104 | 25 | 25 | 7 | 50 | n. e. | 7 | n. e. | n. e. |
| 50 | 25 | 25 | 105 | 25 | 25 | 6 | 25 | 25 | 6 | 150 | 50 |

*n. e. = das 75 %-Antwortniveau wurde nicht erreicht

## 3.3.2.2 Subjektiver Workload

Die Auswertung des subjektiv empfundenen Workload (NASA-TLX) erfolgt für Hauptgruppen „2D" und „3D" und bezieht sich auf die eingesetzte Monitortechnologie. Alle Items wurden abhängig von der jeweiligen Aufgabe untersucht und sind in Abbildung 3.16 und Abbildung 3.17 dargestellt sowie deskriptiv in Anlage G, Tabelle AG63 wiedergegeben. Erhöhte Workloadwerte zeigen sich insbesondere in der geistigen und zeitlichen Anforderung und in der allgemein empfundenen Anstrengung. Die körperliche Anstrengung ist in diesem Experiment zu vernachlässigen.

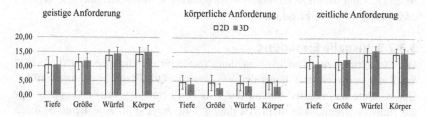

**Abbildung 3.16** Studie „Wahrnehmungsleistung": Ergebnisse für subjektiven Workload #1
Quelle: eigene Darstellung

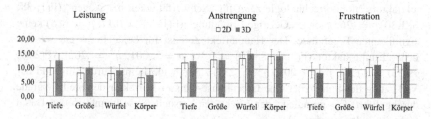

**Abbildung 3.17** Studie „Wahrnehmungsleistung": Ergebnisse für subjektiven Workload #2
Quelle: eigene Darstellung

Auf Basis einer MANOVA (siehe Anlage G, Tabelle AG62) wurde geprüft, inwieweit das Bewertungsverhalten abhängig vom Aufgabentyp und der Monitortechnologie ist. Die Bewertung der Items „körperliche Anforderung" sowie „Frustration" sind unabhängig vom Aufgabentyp. Für alle weiteren Items zeigt sich ein signifikanter Unterschied. Eine Post-Hoc-Analyse (Scheffé-Prozedur)

zeigte für das Item „Geistige Anforderung" Unterschiede zwischen den Aufgaben Tiefe × Körper ($p = .003$) sowie Tiefe × Würfel ($p = .012$). In beiden
Fällen wird die Wahrnehmung des Tiefenunterschiedes als einfacher empfunden
als das Zählen der Objekte. Für das Item „zeitliche Anforderung" besteht ein
Unterschied in Tiefe × Würfel ($p = .009$), wobei auch hier die Suche nach
einem Tiefenunterschied weniger beanspruchend ist. In Bezug auf die subjektiv empfundene Leistung besteht ein Unterschied hinsichtlich Tiefe × Körper
($p = .002$). In Abhängigkeit von der Monitortechnologie wurde ein Unterschied
in der empfundenen Leistung in den Aufgaben zwischen den Gruppen gefunden.
Da jedoch keine Interaktionseffekte zwischen Aufgabe und Monitortechnologie
bestehen, kann daraus geschlossen werden, dass die Monitortechnologie generell
unabhängig vom Workload ist.

### 3.3.2.3  Visuelle Ermüdung

Die Auswertung zur visuellen Ermüdung wurde für die Gruppen „2D" und „3D"
auf Basis vergleichbarer Items der VFQ und VFQ-k Fragebögen durchgeführt.
Der absolute und relative Verlauf der visuellen Ermüdung beider Gruppen über
die fünf Messzeitpunkte ist in Abbildung 3.18 dargestellt. Alle Items befinden
sich auf niedrigem Niveau. Lediglich die Items „Schwerfälligkeit der Augen"
und „Geistige Ermüdung" zeigen über den zeitlichen Verlauf eine Steigerung.
Für einen relativen Vergleich der Zeitreihen wurden für jedes Item in der jeweiligen Gruppe die Messwerte zum ersten Messzeitpunkt auf null gesetzt und ein
relativer Verlauf zu diesem grafisch dargestellt. Eine Analyse des Zwischensub-
jektfaktors Monitortechnologie zeigt für „Schwerfälligkeit der Augen" ($F(1; 38)$
$= 1.30, p = .262$) sowie „Geistige Ermüdung" ($F(1; 38) = 0.17, p = .685$) keine
signifikanten Ergebnisse. Der Haupteffekt Zeit ist für beide Items ein wesentlicher Einflussfaktor ($F(2.33; 88.70) = 9.60; p = <.001; \eta^2 = .202$); ($F(2.09;
79.33) = 11.44; p = <.001; \eta^2 = .231$)). Für beide Items wurde aufgrund der
Verletzung der Sphärizität eine Greenhouse-Geisser-Korrektur der Freiheitsgrade
durchgeführt. Ein grundlegender Effekt der Versuchspause konnte in den Daten
nicht gefunden werden.

### 3.3.3    Diskussion

Die Studie zur Wahrnehmungsleistung auf autostereoskopischen Displays untersuchte den Effekt der Monitortechnologie in Abhängigkeit von Darstellungsdauer
und stereoskopischer Unterscheidbarkeit der Reize. Beide Gruppen waren hinsichtlich der Variablen Geschlecht, Alter, Fähigkeit zum 3D-Sehen, subjektives

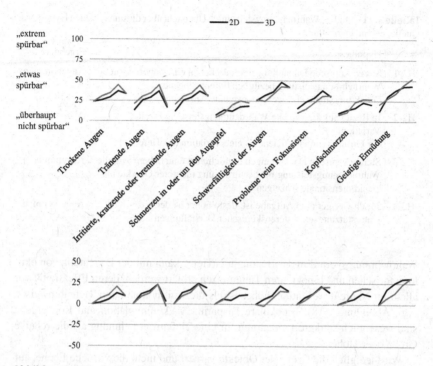

**Abbildung 3.18** Studie „Wahrnehmungsleistung": abs. und rel. Entwicklung der vis. Ermüdung
Quelle: eigene Darstellung

Sehvermögen sowie der kognitiven Leistungs- und Verarbeitungsgeschwindigkeit ausbalanciert. Tabelle 3.21 gibt zunächst eine Übersicht über die aufgestellten Hypothesen aus Abschnitt 3.3 wieder und stellt das jeweilige Ergebnis dar. Im Folgenden werden diese diskutiert.

Die Ergebnisse zeigen, dass eine höhere Wahrnehmungsleistung dann vorliegt, wenn die Objekte hinsichtlich ihrer stereoskopischen Tiefe unterschieden werden sollten sowie dann, wenn eine angezeigte Objektmenge gezählt werden sollte und diese in einer stereoskopischen Ansicht präsentiert wurde. Konkret zeigte sich eine erhöhte Wahrnehmungsleistung für die Bedingung „Tiefe" in der stereoskopischen Darstellung. Die Objekte konnten mit höherer Wahrscheinlichkeit durch die stereoskopische Darstellung besser unterschieden werden. Das Ergebnis bestätigt die Hypothese H2-1 und deckt sich generell mit den Erkenntnissen von Szczerba und Hersberger (2014); Broy, N. (2016) und Sandbrink et al. (2017). Der

**Tabelle 3.21** Studie „Wahrnehmungsleistung": Übersicht über die untersuchten Hypothesen
Quelle: eigene Darstellung

| # | Hypothese | Ergebnis |
|---|-----------|----------|
| H2-1 | Stereoskopische Darstellungen ermöglichen eine höhere visuelle Wahrnehmungsleistung bezüglich tiefenbezogener Objektmerkmale als zweidimensionale Anzeigen | Angenommen |
| H2-2 | In Bezug auf die visuelle Wahrnehmungsleistung ist eine Variation der Größe weniger effizient als eine Variation der Tiefe | Angenommen |
| H2-3 | Stereoskopische Darstellungen ermöglichen eine höhere visuelle Wahrnehmungsleistung bei der Erfassung mehrerer Objekte als zweidimensionale Anzeigen | Angenommen |
| H2-4 | Je schwieriger eine Aufgabe ist, desto höher ist der Unterstützungsgrad stereoskopischer Darstellungen | Angenommen |

Wahrnehmungsvorteil in der Bedingung „Tiefe" kann mit der Bedeutung von okulomotorischen und binokularen Tiefenreizen erklärt werden, deren Effektivität vor allem im Nahfeld wesentlich höher ist als die von monokularen Tiefenhinweisen (vgl. Abbildung 2.18). Binokulare Disparität, Akkommodation und Konvergenz sind wesentlich stärkere Indikatoren für eine Tiefenwahrnehmung als die relative Größe oder Höhe.

Wird lediglich die Größe der Objekte variiert und nicht die virtuelle Ebene, auf der sich die Objekte befinden, so zeigen sich keine Vorteile einer stereoskopischen Ansicht für die Wahrnehmungsleistung, was somit die Hypothese H2-2 bestätigt. Ausgehend von der Wirksamkeit von Tiefenreizen (vgl. Abschnitt 2.2.1) liegt die Aufmerksamkeit bei der parallelen Merkmalssuche auf dem Vergleich monokular wahrnehmbarer Kanten. Deren Wahrnehmung erfolgt nach Marr (2010, S. 37 ff.) in den ersten Stufen des Sehens und wird bereits im primären visuellen Kortex verarbeitet (vgl. Kapitel 0). Die okulomotorischen und binokularen Tiefenreize bieten in dieser Art der Reizdarstellung keinen Vorteil, was den fehlenden Unterschied zwischen einer dreidimensional und zweidimensional präsentierten Größenvariation erklärt. Methodisch zeigt sich das Material demzufolge sensitiv für die theoretischen Grundlagen.

In Bezug auf die Schwellenwerte der Querdisparität, konnte ein konstantes Antwortverhalten ab 0,076 Grad stereoskopischer Unterscheidbarkeit (Antwortniveau > 75 %, bei 20 % Tiefenvariation und 85 % Genauigkeit) gefunden werden. Für ein sehr sicheres Antwortniveau (> 95 %) gilt ein Grenzwert von 0,155 Grad (40 % Tiefenvariation bei 96 % Genauigkeit). Dies gilt für beide Antwortniveaus ab 25 ms (vgl. Tabelle 3.20). Diese Schwellenwerte sind grundlegend vergleichbar mit den Werten von de la Rosa, S. et al. (2008, S. 154) von 0,1 Grad für schnelle Suchen. Es ist zu beachten, dass ein Versuchsaufbau auf Basis von Reaktionszeiten verwendet wurde, was keinen direkten Vergleich zulässt. Ähnlich verhält es sich mit den Erkenntnissen von Tam und Stelmach (1998), da diese gleichfalls konstante Merkmalsunterschiede sowie reaktionszeitabhängige Anzeigedauern verwendeten. Generell konnte jedoch die Abhängigkeit der stereoskopischen Unterscheidbarkeit von der Anzeigedauer nachgewiesen werden. Als praktische Implikation sollten demzufolge zwei Informationsebenen mit einem Abstand von 0,155 Grad Querdisparität zueinander gestaltet sein, um diese sicher unterscheiden zu können.

Werden die Ergebnisse hinsichtlich des erreichten Antwortniveaus und der Aufgabenschwierigkeit betrachtet, so liegen die Vorteile in der Wahrnehmungsleistung von stereoskopischen Anzeigen vor allem bei schwierigen Aufgaben mit geringen Querdisparitäten (vgl. Tabelle 3.20 und Abbildung 3.15). Die wahrnehmbare Tiefe als salientes Attribut erzeugt die beschriebene erhöhte visuelle Ordnung, unterstützt die Probanden bei der Unterscheidung und erhöht damit die Wahrnehmungsleistung. Sind die Aufgaben einfacher, also werden die Objekte länger angezeigt und die stereoskopische Unterscheidbarkeit durch höhere Querdisparitäten erhöht, so vermindern sich die Vorteile. Die monoskopischen Tiefenhinweise können sicherer detektiert werden und erreichen damit ähnliche Antwortniveaus wie in der dreidimensionalen Bedingung.

Für die Aufgaben, in denen das Zählen von Objekten gefordert war, zeigte sich eine höhere Wahrnehmungsleistung für beide Bedingungen, was Hypothese H2-3 bestätigt. Die Verwendung einer stereoskopischen Darstellung erhöhte die Wahrscheinlichkeit einer korrekten Antwort. Insgesamt fällt der Schwierigkeitsgrad jedoch höher aus als für den Vergleich von Größe und Tiefe. Grund dafür ist, dass das Zählen ein einzelnes Abtasten der Reize verlangt. Dies erhöht damit die Dauer der Suche, was in niedrigeren Antwortniveaus resultiert sowie in höheren Anzeigedauern zur Erreichung des 75 %1Niveaus. Es zeigte sich jedoch wiederholt der geringe Einfluss der Anzeigedauern auf die korrekte Erkennung der Reize. Eine mögliche Ursache dafür liegt in der Gestaltung des verwendeten Reizmaterials. Die Anordnung der Würfel oder Körper folgte der Regel, dass diese abseits der horizontalen und vertikalen Mittelachsen der Monitore positioniert wurden, um mindestens zwei Seiten eines Würfels oder Körpers abzubilden, was zur Bildung von Quadranten führte, in denen die Objekte dargestellt wurden. Dies bot den Probanden dahingehend Vorteile, dass diese lediglich in den Quadranten eine Mustererkennung durchführen mussten, was bei vielen Wiederholungen zu einem Lerneffekt führt und einzelne Objekte nicht mehr analysiert werden (Solso, 2005, S. 115 ff.). Diese Wirkung zeigt sich insbesondere im Vergleich der Bedingungen „Würfel" und „Körper". Gleiche Objekte wie Würfel konnten durch ihre ähnlichen Muster in den Gruppierungen einfacher detektiert werden, als die verschiedenen Körper in den drei unterschiedlichen Variationen (vgl. Abbildung 3.13). Sassi et al. (2014, S. 157) fanden in ihren Studien einen ähnlichen Effekt, den sie als „visuelle Hektik" beschrieben. Dieser Effekt hatte direkte Auswirkungen auf das Antwortverhalten und auf die Qualität der Detektion ab dem 75 %-Antwortniveau erreicht wurde (6 Objekte bei 50 ms statt 7 Objekte bei 25 ms). Im direkten Vergleich zwischen den Bedingungen zeigt sich dabei weiterhin, dass zwar das generelle Antwortniveau in der Bedingung „Körper" aufgrund der Aufgabenschwierigkeit niedriger liegt, jedoch die Vorteile stereoskopischer Anzeigen hinsichtlich der Wahrnehmungsleistung deutlicher ausfallen (vgl. Abbildung 3.15). Wird die Aufgabe also schwieriger, so ist der Unterstützungsgrad stereoskopischer Darstellungen deutlicher festzustellen. Hypothese H2-4 kann somit angenommen werden.

Wird der subjektiv empfundenen Workload betrachtet, so ergänzen sich die Aussagen zu den objektiv erhobenen Messwerten. Die Wahrnehmung eines Tiefenunterschiedes empfanden die Probanden einfacher als das Zählen von Objekten. Weiterhin bestätigten die Teilnehmer, dass die Anforderung, Würfel zu zählen, zeitlich schwieriger zu bewältigen ist als den Tiefenunterschied zu detektieren. Zudem schätzten die Probanden ihre Leistung bei der Detektion von Tiefenunterschieden besser ein als bei beim Zählen von Körpern. Die Monitortechnologie ist dabei unabhängig vom Workload. Generell kann von einem fordernden Versuchsdesign ausgegangen werden, da sich der subjektiv empfundene Workload in den Kategorien geistige und zeitliche Anforderung sowie Anstrengung im oberen Drittel der Skala befand, was sich auch in der visuellen Belastung und der Einschätzung des 3D-Effektes zeigt. Für die „Schwerfälligkeit der Augen" und „Geistige Ermüdung" wurden Effekte festgestellt, die auf die Dauer des Versuchs von circa 60 Minuten zurückgeführt wurden und nicht auf die Monitortechnologie.

Vom methodischen Standpunkt aus zeigte sich eine gute Eignung des Erhebungsinstrumentes und des Materials. Die einzelnen Ausprägungen der Reize zeigten im vorliegenden Experiment lediglich geringfügige Deckeneffekte. Die minimalen Unterschiede in den Ergebnissen waren aufgrund der Forschungsfrage und des verwendeten Materials mit den minimalen Merkmalsunterschieden zu erwarten, jedoch zeigten sich die belegten Effekte aus der Literatur hinsichtlich der grundlegenden Wahrnehmung der Reize. Weiterhin wurde festgestellt, dass das Design grundlegende Aussagen hinsichtlich der Wahrnehmungsleistung generiert und daraus die diskutierten Erkenntnisse abgeleitet werden konnten. Es ist abschließend darauf hinzuweisen, dass die Bedingungen mit einer Anzeige-dauer von 25 ms einen Fehler von ± 8,3 ms (± 33 %) enthalten und diese dementsprechend kritisch zu betrachten sind.

Zusammengefasst zeigen sich aus dem Experiment die von McIntire et al. (2014, S. 23) beschriebenen Vorteile von stereoskopischen Darstellungen spezi-ell dann, wenn eine hohe Aufgabenschwierigkeit beim Finden, Identifizieren und Klassifizieren von Objekten vorlag. Zudem konnte der Zusammenhang zwischen stereoskopischer Tiefe, Anzeigedauer und Wahrnehmungsleistung beschrieben werden, der eine grundlegende Aussage zur Wirksamkeit dreidimensionaler Anzeigen in den Schwellenwertbereichen stereoskopischer Informationsaufnahme liefert. Generell konnte der Nachweis erbracht werden, dass stereoskopische Dar-stellungen eine höhere Wahrnehmungsleistung ermöglichen und Informationen unter Verwendung eines autostereoskopischen Displays mit einer höheren Wahr-scheinlichkeit korrekt interpretiert werden. Im Sinne einer geplanten Anwendung von 3D-Monitoren für Anzeigen im automobilen Bereich wurde dabei mit mini-mal wahrnehmbaren Tiefenunterschieden gearbeitet, um eine potenzielle zusätz-liche visuelle Belastung durch autostereoskopische Monitore auszuschließen und überprüft, inwieweit eine Abhängigkeit zur Wahrnehmungsleistung besteht. So zeigte sich, dass ein stabiles Antwortverhalten (Antwortverhalten > 75 %) ab einer Querdisparität von 0,076 Grad, beziehungsweise für sehr sichere Antwor-ten (Antwortverhalten > 95 %) ab 0,155 Grad Querdisparität möglich ist. Es wird somit empfohlen, zwei Objekte mit einem Tiefenabstand von 0,155 Grad zu gestalten, um diese sicher erkennen zu können und dem Anwender ein hin-reichendes Unterscheidungsmerkmal zu geben. Für eine Übertragbarkeit in die Praxis können die gefundenen Ergebnisse demzufolge eine Referenz für die Gestaltung dreidimensionaler Anzeigen in Fahrzeugen bilden, da das Versuchs-design Kernfragestellungen der ergonomischen Anforderungen an FAS/FIS und stereoskopische Anzeigen adressiert. Sehr schnelle Prüfblicke auf das Kombiin-strument oder die Mittelkonsole sind auch unter stereoskopischen Bedingungen möglich und selbst minimale Tiefeninformationen können auch in kurzen Betrach-tungszeiträumen wahrgenommen werden, ohne den Fahrer dabei zusätzlich zu belasten. Dabei lässt das Versuchsdesign in Bezug auf die Wahrnehmungsleistung jedoch keine direkten Aussagen hinsichtlich komplexer grafischer Oberflächen moderner Kombiinstrumente und menschlicher Blickbewegungen in realistischen Verkehrsbedingungen zu. Entsprechend müssen weitere Forschungen unter all-täglichen Bedingungen bezüglich einer nutzergerechten Gestaltung von FAS/FIS durchgeführt werden.

## 3.4    Autostereoskopische Displays als Fahrerinformationssystem

Der Abschlussversuch der vorliegenden Arbeit untersucht die generelle Eignung von autostereoskopischen Monitoren als FAS/FIS in Fahrzeugen. Durch das Experiment sollen die direkten Auswirkungen autostereoskopischer Monitore auf die Wahrnehmungsleistung, das Blickverhalten sowie die Qualität der Fahraufgabe untersucht werden. Dies umfasst weiterhin die Effekte auf ergonomische Aspekte, wie visuelle Ermüdung, subjektiv empfundene Beanspruchung sowie die Einstellung zum System. Die methodische Grundlage bildet dabei die Lane Change Task (LCT) als hochstandardisiertes Instrument der Forschung im Bereich der Fahrer-Fahrzeug-Interaktion (Mattes & Hallén, 2009, S. 108). Kern dieses Versuches bildet das in Kapitel 0 diskutierte Prinzip der geteilten Aufmerksamkeit und multiplen Handlungen. Fahrer sind bei der Durchführung der Fahraufgabe auf sich stetig wiederholende Kontrollblicke auf die Fahrzeuginstrumentierung angewiesen, um daraus fahraufgabenrelevante Aktionen abzuleiten. Über diese Kontrollblicke hinaus werden jedoch auch sekundäre Informationsanzeigen betrachtet sowie die erweiterte Umwelt abseits der Straße (vgl. Abschnitt 2.1). Diese Aspekte können bei Anwendung der LCT unter Bearbeitung von Zweitaufgaben objektiv erhoben werden. Die Zweitaufgabe bildet unter Abhängigkeit von der Monitortechnologie das kognitiv und optisch ablenkende Element in Bezug auf die Fahraufgabe. Kahneman et al. (1967, S. 219) zeigten dabei in ihren Studien zu visuellen Suchen den Zusammenhang von Defiziten in der Wahrnehmung bei schwierigen mentalen Aufgaben auf, was durch das vorliegende Experiment methodisch wiedergegebenen wird. Analog zu den vorangegangenen Studien wird dabei der Vergleich zwischen herkömmlichen Displays und autostereoskopischen Monitoren mit den in Abschnitt 2.2.1 beschriebenen Vorteilen gezogen und die Auswirkung auf die Fahraufgabe untersucht. Dabei soll der Versuch auch als Wirksamkeitsnachweis der erhobenen Werte der Querdisparität aus der Studie „Wahrnehmungsleistung" dienen. Dazu wurde der Wert von circa 0,155 Grad (96 % Genauigkeit) verwendet und wiederholt die Tauglichkeit bezüglich einer Steigerung der Wahrnehmungsleistung sowie die Sicherstellung der ergonomischen Anforderungen im Fahrzeug im Kontext einer FAS/FIS-Anwendung überprüft. Tabelle 3.22 gibt dazu die Hypothesen des vorliegenden Experimentes wieder.

Im Folgenden soll das spezifische Forschungsdesign der Fahrsimulatorstudie mit den angewandten Methoden, dem gestalteten Material inklusive Versuchsaufbau sowie die Stichprobe vorgestellt werden.

**Tabelle 3.22** Studie „Fahrsimulator": Hypothesen
Quelle: eigene Darstellung

| # | Haupteffekt | Hypothese |
|---|---|---|
| H3-1 | Monitortechnologie | Stereoskopische Anzeigen ermöglichen eine verbesserte visuelle Wahrnehmungsleistung im Anwendungsfeld bei Ausübung einer Fahraufgabe |
| H3-2 | Monitortechnologie | Die Verwendung einer stereoskopischen Anzeige hat keinen negativen Einfluss auf das Blickverhalten der Fahrer |
| H3-3 | Monitortechnologie | Die Verwendung einer stereoskopischen Anzeige hat keinen negativen Einfluss auf die Qualität der Fahraufgabe |
| H3-4 | Querdisparität | Die erhobenen Werte der Querdisparität aus der Studie „Wahrnehmungsleistung" vermeiden visuelle Beschwerden bei der Ausführung der Fahraufgabe |

## 3.4.1 Methode und Material

### 3.4.1.1 Versuchsdesign und Ablauf

Zur Beantwortung der Frage, inwieweit die Mensch-Maschine-Interaktion mit stereoskopischen Ansichten im Fahrzeug Auswirkungen auf die Wahrnehmungsleistung von Fahrern hat und wie sich dies auf die Fahrleistung auswirkt, wurde auf Basis der ISO 26022:2010 (ISO 26022:2010, S. 3 f.) ein zweistufiges Experiment zu ergonomischen Aspekten von Straßenfahrzeugen gestaltet. Der erste Teil des Experimentes wendet die in Abbildung 3.19 schematisch dargestellte LCT an. Dabei handelt es sich um eine standardisierte Spurwechselaufgabe als Instrument zur Erfassung der Fahrerablenkung unter Bearbeitung von Zweitaufgaben (Mattes, 2003, S. 57 ff.). Dieses Instrument eignet sich nach Regan, Lee und Young (2009, S. 457) insbesondere zur Untersuchung prototypischer Interfaces und Technologien hinsichtlich Sicherheit, Usability sowie dem Potential zur Fahrerablenkung. Mattes und Hallén (2009, S. 108) führen dazu aus, dass diese Art von Test ein einfach anzuwendendes Experiment mit hoher Reliabilität und Validität zur objektiven Erfassung der Arbeitsbelastung (Workload) ist und für eine Vielzahl an MMS von FAS/FIS angewendet werden kann.

Grundkonzept der LCT ist die Bearbeitung einer sekundären Aufgabe. Diese ermöglicht die quantitative Messung der Auswirkungen auf die menschliche Leistung hinsichtlich der primären Fahraufgabe (Östlund et al., 2004, S. 76). Wie in Kapitel 0 beschrieben, entsteht also ein Untersuchungsdesign auf Basis geteilter Aufmerksamkeit und multipler Handlungen. Probanden führen hierbei als primäre Fahraufgabe ein Äquivalent zum realen Fahrgeschehen durch und werden dazu

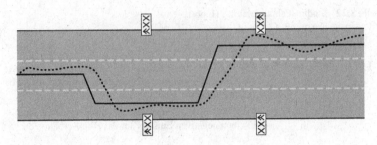

**Abbildung 3.19**  Studie „Fahrsimulator": Lane-Change-Task
Quelle: Mattes, 2003, S. 59

angehalten, permanente Spurwechsel auf einer dreispurigen Straße bei konstanter
Geschwindigkeit von 60 km/h durchzuführen. Die Spurwechselanweisung erfolgt
dabei durch Schilder am Straßenrand. Abbildung 3.19 zeigt dabei den typischen
Verlauf der LCT.

Durch das Hinzufügen einer Zweitaufgabe wird die Schwierigkeit der Gesamtaufgabe erschwert, da die verfügbare Aufmerksamkeit des Fahrers zwischen zwei
Aufgaben aufgeteilt werden muss (vgl. Abschnitt 2.2.4). Wird der Schwierigkeitsgrad der LCT konstant gehalten, kann somit der direkte Einfluss einer Technologie
oder Anwendung auf die Fahraufgabe quantitativ bestimmt werden (vgl. Abbildung 2.22). Die gemessene Variable ist die Qualität des Spurwechsels und der
Spurhaltung in Abhängigkeit von der lateralen Spurführung. Als weitere Variable
können beispielsweise nicht durchgeführte Spurwechsel erhoben werden, wenn
Wechselanweisungen aufgrund einer hohen visuellen Ablenkung verpasst wurden.

Das vorliegende Experiment untersucht dabei mittels eines between-subjects-
Designs mit Messwiederholungen den Einfluss der unabhängigen Variable „Monitortechnologie" auf die Fahrleistung. Die Probanden wurden in die Gruppen
„2D" und „3D" in Abhängigkeit von der Monitortechnologie eingeteilt. In der
3D-Kondition wird anhand der Erörterungen in Abschnitt 2.2.1 davon ausgegangen, dass die Probanden bei der Verwendung stereoskopischer Anzeigen aufgrund
der höheren Informations-strukturierung der dargestellten Anzeigeelemente eine
höhere Wahrnehmungsleistung erreichen. Da die Informationen schneller zu erfassen sind, kann dies zu einer Verringerung der Blicke abseits der Straße führen.
Die Probanden wären somit weniger von der Fahraufgabe visuell abgelenkt, was
in einer Aufrechterhaltung des inneren Situationsmodells resultiert und sich in
einer qualitativ hochwertigeren Spurführung auswirkt (Metz, 2009, S. 67).

Die visuell ablenkende Nebenaufgabe wurde so gestaltet, dass diese mit den
in Abschnitt 2.2.1 dargestellten Vorteilen von stereoskopischen Anzeigen, wie

die erhöhte Geschwindigkeit und Genauigkeit in der visuellen Wahrnehmung mit einer geringeren Fehleranfälligkeit. Ziel der Nebenaufgabe war das wiederholte visuelle Suchen von fünf Reizen innerhalb einer 5 x 5 Buchstabenmatrix. Dabei wurden die Zielreize unidimensional (nur eine Merkmalsveränderung) entweder durch einen wahrnehmbaren dreidimensionalen Tiefeneffekt (autostereoskopischer Monitor) oder durch die relative Größe der Reize (herkömmlicher Monitor) hervorgehoben. Sowohl Autofahren als auch das Ablesen von Buchstaben beschreiben typische überlernte Tätigkeiten und laufen daher ohne kognitive Interferenz zueinander ab (Birbaumer & Schmidt, 1991, S. 485; Wolfe, 2000, S. 357). Durch das über alle Bedingungen konstant gehaltene Ablesen und Wiedergeben der fünf Buchstaben wird somit ein direkter Vergleich der technologieabhängigen Wahrnehmungsleistung möglich. Ein Beispiel eines verwendeten Stimulus ist in Abbildung 3.20 wiedergegeben. Hervorgehoben („Pop-Out-Effekt") sind die Buchstaben „M", „S", „K", „V" und „R". Hierbei ist es möglich die Fehlerrate beim Ablesen der Zielreize zu extrahieren, was somit zusätzlich Auskunft über die Qualität der Informationsaufnahme in den jeweiligen Bedingungen gibt. Weiterhin wurden Blickdaten erhoben. Dadurch sollen Häufigkeiten und Dauer der Blicke in der Fahrerumgebung als auch für Blickziele im Fahrzeuginnenraum erhoben werden. Im Folgenden soll nun der Ablauf des Versuchs beschrieben werden.

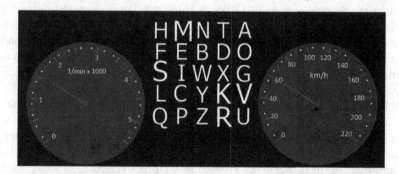

**Abbildung 3.20** Studie „Fahrsimulator": Beispiel der verwendeten zweidimensionalen Stimuli
Quelle: eigene Darstellung

Der konkrete Versuchsablauf sah dabei zunächst eine Eingewöhnungsfahrt auf der LCT-Strecke vor, um die Probanden an die Steuerung des Fahrzeuges zu gewöhnen. Dabei wurde sowohl die Fahr- als auch die Nebenaufgabe erläutert. Im nächsten Abschnitt wurde eine LCT-Baselinefahrt ohne Nebenaufgabe durchgeführt, um die grundlegende Fahrleistung der Probanden einzuschätzen und um einen relativen Vergleich der Arbeitsbelastung zur Experimentalbedingung anzustellen (vgl. Camuffo et al., 2008, S. 104). Anschließend erfolgte die LCT-Experimentalfahrt mit der in Abbildung 3.20 dargestellten Zweitaufgabe. Nach der Experimentalfahrt wurde die Baselinefahrt wiederholt, um eventuelle Übungseffekte zu kontrollieren. Als Ergänzung zur objektiven Fahrleistung wurde die subjektiv empfundene Beanspruchung erhoben. Zum Einsatz kam der Driver-Activity-Load-Index (DALI, Pauzié & Pachiaudi, 1996, S. 5 f.; Pauzié, 2008, S. 316). Dieser multidimensionale Fragebogen ist eine Variante des NASA-TLX, der auf den automobilen Kontext angepasst wurde. Dieser wird in diesem Rahmen als verlässliche Methode eingeschätzt (Johansson et al., 2004, S. 63).

Im Anschluss wurde ein zweiter Versuchsteil in Anlehnung an eine natürliche Autobahnfahrt gestaltet. Alle Probanden konnten dabei ein dreidimensional gestaltetes Kombiinstrument ohne weitere Nebenaufgaben erleben. Ziel des Versuchsteils war das Erheben von Akzeptanz und User Experience beim Verwenden eines dreidimensionalen Kombiinstrumentes. Zur Messung der Akzeptanz des Systems wurde die Skale von van der Laan (van der Laan, Heino & de Waard, 1997, S. 3) angewendet. Die Skala ermöglicht generelle Aussagen in den Dimensionen Nützlichkeit und Zufriedenheit bei der Bewertung des Kombiinstrumentes. Die Nutzererfahrung wurde mit dem User Experience Questionnaire (UEQ) nach Laugwitz, Schrepp und Held (2006, S. 130) auf Basis eines siebenstufigen semantischen Differentials abgefragt. Anhand von 26 Items ist eine Auswertung bezüglich der aufgabenorientierten Subskalen Durchschaubarkeit, Effizienz und Vorhersagbarkeit sowie den nicht-aufgabenorientierten Aspekten Stimulation und Originalität möglich. Weiterhin wird die Subskala Attraktivität ausgewertet, die Aussagen zur hedonischen Qualität des Untersuchungsgegenstandes zulässt.

Beide Fragebögen wurden zu jeweils zwei Zeitpunkten abgefragt. Der erste Zeitpunkt der Befragung erfolgte nach der Einwilligung in die Einverständniserklärung zum Datenschutz und vor der Erklärung des Ziels des Experimentes. Es wurde das verbaute Kombiinstrument im alltäglich genutzten Fahrzeug des Probanden abgefragt. Besaß der Proband kein eigenes Fahrzeug, so wurde nach dem Kombiinstrument gefragt, mit dem er am besten vertraut ist (z. B. Fahrzeug von Angehörigen). Die zweite Befragung erfolgte nach der Demonstration der dreidimensionalen Kombiinstrumente.

Die Gesamtdauer des Versuches betrug circa 60 Minuten. Die LCT-Fahrten dauerten jeweils circa 20 Minuten, die Autobahnfahrt 5 Minuten. Tabelle 3.23 gibt über den chronologischen Versuchsverlauf und die in jedem Abschnitt verwendeten Methoden und Fragebögen eine Übersicht. Die Fragebögen können in Anlage E eingesehen werden.

**Tabelle 3.23**   Studie „Fahrsimulator": Versuchsdesign und Ablauf
Quelle: eigene Darstellung

| Versuchsabschnitt | | Methode | objektive Daten | subjektive Daten |
|---|---|---|---|---|
| 1 | Begrüßung und erste Fragebögen | Befragung | – | Einverständniserklärung Akzeptanz (van der Laan) User Experience (UEQ) Stereo-Lang-Test I und II Sehvermögen (NEI-VFQ 25) visuelle Ermüdung (VFQ) |
| 2 | LCT – Eingewöhnung | Lane Change Task | – | Abstand zum Monitor |
| 3 | LCT – Baseline I | Simulatorfahrt Lane Change Task | Fahrdaten Blickdaten | Beanspruchung (DALI) vis. Ermüdung (kurz/NEI-VFQ) Effekteinschätzung |
| 4 | LCT – Experiment | | | |
| 5 | LCT – Baseline II | | | |
| 6 | Autobahnfahrt | Simulatorfahrt und Anzeigekonzepte | – | Akzeptanz (van der Laan) User Experience (UEQ) |
| 7 | Abschlussfragebögen und Verabschiedung | Befragung | – | soziodemografische Daten |

### 3.4.1.2  Versuchsaufbau und Materialien

Für die Studie wurde der Usability Research Simulator der Professur Arbeitswissenschaft und Innovationsmanagement an der Technischen Universität Chemnitz verwendet, der in Abbildung 3.21 dargestellt ist. Dieser Typ-C-Fahrsimulator besitzt ein projektorbasiertes Drei-Seiten-Sichtsystem mit einem Sichtfeld von 180 Grad, simuliert die Seiten- und Rückspiegel mittels Kleinstmonitoren und vermittelt eine wirklichkeitsnahe Darstellung der Fahrzeugumgebung. Das Lenkrad und beide Pedale sind zur Vermittlung von Gegenkräften an Force-Feedback-Aktoren gekoppelt und vermitteln ein realistisches Eingabeverhalten zur Steuerung des simulierten Fahrzeugs. Vorteilhaft für diesen Fahrsimulatortyp sind dabei das große Blickfeld, eine hohe Genauigkeit und ein hoher Immersionsgrad. Die Probanden können jedoch aufgrund des statischen Aufbaus keine dynamischen Wirkkräfte empfinden (Rimini-Döring et al., 2004, S. 15). Die Wiedergabe von Tönen und Geräuschen erfolgt über ein 4-Kanal-Lautsprechersystem.

Als Steuerungssoftware wurde SILAB 5.1 der Firma Würzburger Institut für Verkehrs-wissenschaften GmbH verwendet. Für die LCT wurde auf die SILAB-Konvertierung von Michael Krause zurückgegriffen[6]. Die verwendeten Parameter hinsichtlich Darstellungs-zeitpunkt der Schilder und deren Reihenfolge wurden aus der ursprünglichen LCT unverändert übernommen. Die Anzeige des Reizmaterials inklusive eines Hinweistons erfolgte dabei circa fünf Meter vor der Spurwechselanweisung, so dass sich Spurwechsel und das Ablesen der Buchstaben zeitlich überlagerten. Die Autobahnfahrt wurde mit angepasstem Material aus dem Demonstrationsprojekt der Fahrsimulationssoftware erstellt. Die Gesamtlänge der Autobahnfahrt betrug 8400 m, was einer Fahrzeit von circa fünf Minuten bei etwa 130 km/h entspricht.

**Abbildung 3.21**  Studie „Fahrsimulator": Versuchsleitstand und Fahrsimulator
Quelle: Sebastian Scholz

---

[6]Die verwendete und angepasste Strecke sowie das Tool zur Datenkonvertierung unterliegt dem © 2013-2016 Michael Krause (krause@tum.de), Christoph Rommerskirchen, Martin Kohlmann; Lehrstuhl für Ergonomie, Technische Universität München

Die Darstellung der Nebenaufgabe für die Gruppe „2D" erfolgte auf einem
frei gestaltbaren Monitor des Typs HP EliteDisplay S140u mit einer Bild-
schirmauflösung von 1600 x 900 Pixeln. Die Gruppe „3D" verwendetet das in
Abschnitt 3.1 beschriebene autostereoskopische Display mit einer 3D-Auflösung
von 1920 x 1080 Pixeln. Der Unterschied in der Auflösung wurde im Vorfeld des
Versuchs von Usability-Experten der Professur Arbeitswissenschaft und Innovationsmanagement mit mindestens dreijähriger Berufserfahrung begutachtet und als
unproblematisch eingestuft, da alle Details der angezeigten Inhalte klar erkenn-
bar waren und die verminderte Auflösung auf dem 2D-Monitor keine negativen
Effekte erzeugte.

Die Nebenaufgabe und die Anzeigekonzepte wurden mit der Software
SketchUp der Firma Trimble Navigation Ltd. erstellt. Es wurden für jede Gruppe
(2D/3D) 36 unterschiedliche Bilder für jede Spurwechselanweisung erstellt. Die
Auswahl der 25 Buchstabenfolgen und der fünf hervorzuhebenden Buchstaben
wurden mit Hilfe eines Zufallsgenerators getroffen und in den Darstellungen mit
einem 3D-Effekt versehen[7]. Hinsichtlich der verwendeten Querdisparität wurde
auf den Wert der vorangegangenen Studie bei 95 % Erkennungsleistung zurückgegriffen. Der mittlere Zielreiz wurde dabei vor der Monitorebene mit einer
gekreuzten Querdisparität von 0,156 Grad angezeigt. Die verwendeten Anzeigekonzepte zur Demonstration möglicher 3D-Effekte auf autostereoskopischen
Displays wurden mit der Software SketchUp erstellt und sind in Abbildung 3.22
dargestellt. Die Querdisparität blieb dabei unverändert.

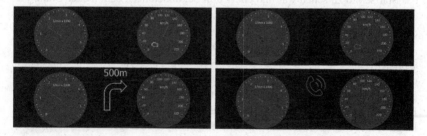

**Abbildung 3.22**  Studie „Fahrsimulator": verwendete Anzeigekonzepte
Quelle: eigene Darstellung

---

[7]Das verwendete Online-Tool ist unter random.org zu finden. Es wurden die Funktionen
„Random String Generator" und „Random Integer Set Generator" verwendet.

### 3.4.1.3 Datenaufbereitung

Die Fragebögen zur „visuellen Ermüdung" wurden analog zu den vorangegangenen Studien erfasst und aufbereitet. Die Items der „van der Laan"-Skala wurden entsprechend der Anweisung in die Subskalen Nützlichkeit und Zufriedenheit eingeteilt (van der Laan et al., 1997, S. 9). Für den UEQ wurden die Subskalen entsprechend des Manuals durch Anwendung des darin verknüpften Excel-Tools erstellt (Schrepp, 2017, S. 4).

Neben der Digitalisierung der Fragebögen und einer ersten Konsistenzprüfung mittels Streudiagrammen wurden die erhobenen Fahrdaten der LCT-Strecken einer erweiterten Datenaufbereitung unterzogen. Diese wurden mit einer Frequenz von 60 Hz aufgezeichnet. Um diese Fahrdaten der Auswertung zugänglich zu machen, erfolgte eine Konvertierung in das LCT-Auswerteformat. Mittels der LCT-Analyse-Software 1.99 wurden abschließend alle Streckenabschnitte ab dem Startschild bis 50 m nach dem letzten Schild mit Spurwechselanweisung anhand von Datenmarkern getrennt und ausgewertet.

Zur Aufbereitung und Auswertung der erhobenen Eye-Tracking-Daten wurde die Software BeGaze 3.7 der Firma SensoMotoric Instruments Gesellschaft für innovative Sensorik mbH (SMI) verwendet. Die Daten mit einer Aufnahmerate von 60 Hz wurden hinsichtlich der Länge und des Prozentsatzes der erfassten Blicke auf Konsistenz überprüft. Für die Experimentalfahrt lagen vollständig auswertbare Datensätze vor, die anschließend auf die Länge der relevanten Fahrstrecken eingegrenzt wurden. Die Auswertung der der Eye-Tracking-Daten während der LCT-Experimentalfahrt beginnt nach dem letzten Einzelbild, auf dem das Startschild zu sehen war und endet drei Sekunden nach dem letzten Standbild des letzten Spurwechselschildes und ist damit identisch zum Auswertezeitraum der LCT-Fahrdaten.

Zur automatischen Detektion von Einzelblicken, Sakkaden sowie Wimpernschlägen kam der „SMI ETG Event Detection"-Algorithmus zum Einsatz. In einem sechsstufigen Verfahren werden grundlegend zuerst Wimpernschläge festgelegt, danach Sakkaden ausgewertet und die Restsamples als Blicke definiert. Bei einer Aufnahmerate von 60 Hz sind Wimpernschläge mit einer Minimumlänge von 50 ms definiert. Einzelblicke und Wimpernschläge mit einer Zeitdauer von weniger als 50 ms gelten als nicht definiert und werden von der Auswertung ausgeschlossen (SensoMotoric Instruments, 2016, S. 343 ff.). Die Trackingraten des Eye-Trackers befinden sich auf einem guten Niveau und sind in Tabelle 3.24 aufgezeigt (Bengler et al., 2015, S. 637).

Zur weiteren Auswertung der Daten mittels semantischer Blickzuordnung wurden entsprechend der jeweiligen Aufgabe im Versuch relevante Blickziele

**Tabelle 3.24** Studie „Fahrsimulator": Trackingrate Quelle: eigene Darstellung

| Versuchsabschnitt | | LCT - Experiment |
|---|---|---|
| Erfasste Trackingrate [%] | 2D | 87,74 |
| | 3D | 84,38 |

(„Areas of Interest") erstellt. Dazu wurde jeder registrierte Blick den in Abbildung 3.23 dargestellten Blickzielen „Schilder", „Straße" und „Kombiinstrument" und „Kombiinstrument mit Nebenaufgabe" zugeordnet und ausgewertet.

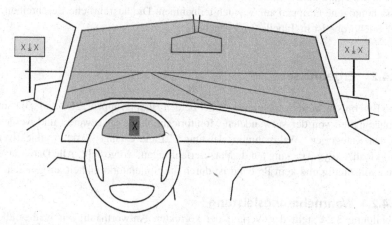

**Abbildung 3.23**   Studie „Fahrsimulator": angewendete Blickziele
Quelle: nach DIN EN ISO 15007-1:2014, Anhang A

### 3.4.1.4 Stichprobenbeschreibung

Für die Studie „Fahrsimulator" wurden $N = 20$ Probanden (weiblich $= 10$; männlich $= 10$) eingeladen und in die Gruppen „2D" und „3D" in Abhängigkeit von der verwendeten Monitortechnologie randomisiert zugeteilt. Es wurde lediglich auf eine Gleichverteilung der Geschlechter geachtet. Die Rekrutierung erfolgte über die Probandendatenbank der Professur Arbeitswissenschaft und Innovationsmanagement sowie über persönliche Ansprache von Angehörigen der TU Chemnitz. Voraussetzung für die Teilnahme am Versuch war ein gültiger Führerschein und die Fähigkeit zum 3D- Sehen. Eine Probandenvergütung wurde nicht ausgezahlt.

Das Durchschnittsalter der Stichprobe betrug 25,0 Jahre ($SD = 2,8$). Für beide Gruppen wurden bezüglich Geschlechtes, Alters, durchschnittlichen Jahreskilometer, der Fähigkeit zum stereoskopischen Sehen sowie des Betrachtungsabstandes zum Monitor auf Basis gruppenweiser Vergleiche keine Unterschiede gefunden. Alle teilnehmenden Probanden waren in der Lage stereoskopische Inhalte wahrzunehmen und der gewählte Sichtabstand zum Monitor befand sich innerhalb der Toleranzen des verwendeten autostereoskopischen Displays (siehe Abschnitt 3.1). Bezüglich des subjektiv eingeschätzten Sehvermögens liegen die Ergebnisse auf mittlerem bis hohem Niveau. Es wurden zwischen den Gruppen keine signifikanten Unterschiede gefunden. Generell kann festgestellt werden, dass homogene Gruppen am Versuch teilnahmen. Die ausführliche Beschreibung der Stichprobe ist in Tabelle 3.25 gegeben.

## 3.4.2 Ergebnisse

Die Ergebnisse wurden entsprechend der beiden Hauptgruppen „2D" und „3D" in Abhängigkeit von der verwendeten Monitortechnologie ausgewertet und werden in den Kategorien „Wahrnehmungsleistung", „Lane Change Task", „subjektiver Workload", „Eye-Tracking" und „Nutzererfahrungen" vorgestellt. Alle Datensätze sind vollständig und kein Proband ist durch die Simulatorkrankheit ausgefallen.

### 3.4.2.1 Wahrnehmungsleistung

Abbildung 3.24 stellt den Verlauf der korrekten Antworthäufigkeiten über alle Probanden hinweg dar. Trotz vorheriger Einweisung und Demonstration der Versuchsaufgabe zeigt sich im ersten Messpunkt (Schild 1) der ersten Fahrt eine Abweichung vom typischen Antwortverhalten. Dies kann auf Probleme mit dem Verständnis der Versuchsaufgabe oder einem ersten „Zurechtfinden" im Experiment zurückzuführen sein. Eine ähnliche Beobachtung zeigt sich im letzten Messpunkt (Schild 36). Eine mögliche Ursache ist das optische „Ende" der Versuchsstrecke, da nach dem letzten Spurwechselschild keine weiteren Schilder mehr zu sehen sind. Aus diesem Grund wurde der erste und letzte Messpunkt von der Auswertung exkludiert.

Auf Basis nichtparametrischer zweiseitiger Mann-Whitney-U-Tests wurden zwischen beiden Gruppen die korrekten Antworten sowie die vollständig gelösten Aufgabenblöcke (5 von 5 richtig) untersucht. Die 3D-Gruppe konnte eine allgemein höhere Wahrnehmungsleistung als die 2D-Gruppe aufweisen. Es zeigte sich für die korrekten Antworten ein signifikanter Unterschied mit kleinem Effekt. Für die Anzahl der vollständig angegebenen Blöcke wurde ein signifikanter

**Tabelle 3.25**   Studie „Fahrsimulator": ausführliche Stichprobenbeschreibung
Quelle: eigene Darstellung

| Variablen $N = 20$ | M | SD | gruppenweiser Vergleich 2D/3D | statistische Signifikanz ($p$) |
|---|---|---|---|---|
| *soziodemografische Daten* | | | | |
| Geschlecht | | | $\chi^2 (1, 20) = 0.20$ | .653 |
| Alter [Jahre] | 25,0 | 2,8 | $t(18) = -0.09$ | .934 |
| Ø Jahreskilometer [km] | 8.487 | 8.548 | $t(18) = -0.47$ | .644 |
| Führerscheinbesitz [Jahre] | 7,8 | 2,7 | $t(18) = 0.46$ | .655 |
| *3D Sehen und Ergonomie* | | | | |
| Lang-Stereotest | 1,03 | 0,09 | $t(18) = -0.85$ | .407 |
| Abstand zum Monitor [cm] | 72,9 | 5,2 | $t(18) = 1.73$ | .102 |
| *Subjektives Sehvermögen* | | | | |
| allgemeine Gesundheit | 60,55 | 27,35 | $t(18) = 0.77$ | .452 |
| allgemeine Sehfähigkeit | 68,75 | 29,69 | $t(18) = 0.86$ | .401 |
| Augenschmerzen | 63,35 | 34,11 | $t(18) = 1.31$ | .200 |
| nahe Aktivitäten | 82,65 | 36,01 | $t(18) = 0.40$ | .695 |
| entfernte Aktivitäten | 78,07 | 34,30 | $t(18) = 0.26$ | .799 |
| Fahren | 55,78 | 24,81 | $t(18) = 0.54$ | .593 |
| Farbsehen | 80,15 | 38,23 | $t(18) = 1.18$ | .255 |
| peripheres Sehen | 83,90 | 36,16 | $t(18) = 0.45$ | .660 |

Unterschied gefunden, jedoch mit kleinem bis mittleren Effekt (siehe Tabelle 3.26).

### 3.4.2.2  Subjektiver Workload

Der subjektiv empfundene Workload beider Gruppen sowie der zeitliche Verlauf über die drei Messzeitpunkte nach den LCT-Fahrten und beide Gruppen hinweg ist in Abbildung 3.25 dargestellt. Aufgabenbedingt wurde für den zweiten

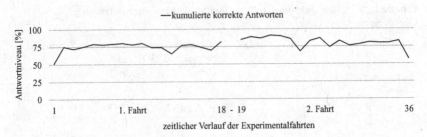

**Abbildung 3.24**  Studie „Fahrsimulator": kumuliertes Antwortverhalten der Fahrten
Quelle: eigene Darstellung

**Tabelle 3.26**  Studie „Fahrsimulator": gruppenweise Vergleiche des Antwortverhaltens
Quelle: eigene Darstellung

|  | $N_{ges}$ (2D/3D) | Antwortniveau 2D/3D [%] | $U$ | $z$ | $p$ | $r$ |
|---|---|---|---|---|---|---|
| korrekte Antworten | 3400 (1304/1387) | 38,3/40,8 | 1374450 | – 3,50 | < .001 | – 0,06 |
| vollständige Blöcke | 680 (82/155) | 12,1/22,8 | 47223 | – 4,35 | < .001 | – 0,17 |

Messzeitpunkt ein hoher Workload durch die Probanden berichtet. Generell können über den gesamten Versuchsverlauf parallele Verläufe in gleiche Richtungen festgestellt werden.

Die weitere Analyse erfolgt auf Basis einer ANOVA mit Messwiederholung. Für das Item „Auditive Anforderung" lag eine Verletzung der Sphärizität vor. Auf Basis des $\varepsilon$-Wertes ($\varepsilon < .75$) wurde folgend eine Huynh-Feldt-Korrektur der Freiheitsgrade vorgenommen. Bezüglich des Haupteffektes Versuchsbedingung (Baseline/Experiment/Baseline) wurde für jedes Item ein signifikanter Unterschied festgestellt, was aufgrund der Nebenaufgabe im Versuchsaufbau begründet ist.

Der Interaktionseffekt Versuchsbedingung × Monitortechnologie ist für alle Items nicht signifikant. Gleiches gilt für den Zwischensubjektfaktor Monitortechnologie. Die deskriptiven Kennwerte inklusive des Tests auf Sphärizität sowie der ausführliche Bericht des gruppenweisen Vergleichs kann in Anlage H, Tabelle AH66 und Tabelle AH67 eingesehen werden.

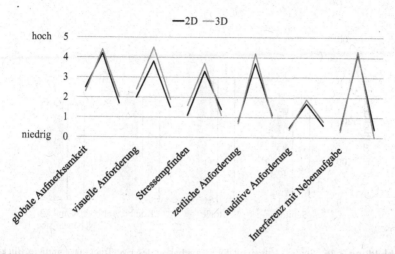

**Abbildung 3.25** Studie „Fahrsimulator": absolute Entwicklung für subjektiven Workload
Quelle: eigene Darstellung

### 3.4.2.3 Eye-Tracking

Für den ersten Versuchsteil sind in Abbildung 3.26 und Tabelle 3.27 die mittleren Blickdauern auf die vier Blickziele „Schilder", „Straße", „Kombi" und „Kombi mit angezeigter Nebenaufgabe" aufgelistet. Sämtliche Blickdauern waren identisch und es konnten mittels t-Test keine signifikanten Unterschiede zwischen den Gruppen festgestellt werden.

In Abbildung 3.27 und Tabelle 3.28 ist weiterhin die mittlere Häufigkeit der Blicke auf die Ziele „Schilder", „Straße", „Kombi" bei Bedienung der Nebenaufgaben aufgelistet. Es konnten 646 Messpunkte ausgewertet werden, wobei sich die Trackingrate für Blickbewegungen bei Bearbeitung der Nebenaufgabe auf 89,72 % belief. Für alle Blickziele konnten keine signifikanten Unterschiede festgestellt werden.

### 3.4.2.4 Lane Change Task

Die Ergebnisse der LCT sind in Abbildung 3.28 und Tabelle 3.29 dargestellt und geben die gemittelte Abweichung von der Idealspur wieder. Aufgabenbedingt zeigt sich in der Experimentalfahrt im Vergleich zur Baseline eine höhere Abweichung von der Idealspur. Zudem zeigt sich über die Gruppen und Aufgaben hinweg eine relativ geringe und konstante Standardabweichung, was auf eine homogene Fahrleistung der Probanden verweist.

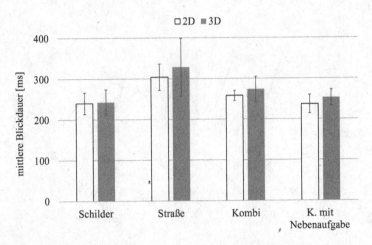

**Abbildung 3.26** Studie „Fahrsimulator": Ergebnisse des Eye-Tracking - mittlere Blickdauer
Quelle: eigene Darstellung

**Tabelle 3.27** Studie „Fahrsimulator": deskriptive Kennwerte: Eye-Tracking - mittlere Blickdauer
Quelle: eigene Darstellung

| $N = 20$ | 2D | | 3D | | gruppenweiser Vergleich | statistische Signifikanz ($p$) |
|---|---|---|---|---|---|---|
| | $M$ [ms] | $SD$ | $M$ [ms] | $SD$ | | |
| Schilder | 240 | 53 | 242 | 62 | $t(18) = 0.11$ | .916 |
| Straße | 304 | 64 | 328 | 141 | $t(18) = 0.49$ | .629 |
| Kombi | 258 | 25 | 273 | 61 | $t(18) = 0.73$ | .475 |
| Kombi mit Nebenaufgabe | 237 | 45 | 253 | 40 | $t(18) = 0.83$ | .417 |

Für die weitere Analyse der Experimentalfahrt wurden die Werte der Experimentalfahrt auf Basis der ersten Baselinefahrt normiert, um eine vergleichbare Datenbasis unabhängig von spezifischen Gruppenfahrleistungen zu ermöglichen. Die Ergebnisse der ANOVA mit Messwiederholung sind in Tabelle 3.30 wiedergegeben. Im Vorfeld ist der Test auf Sphärizität fehlgeschlagen (Mauchly-Test ($W(2) = .526$, $p = .004$, $\varepsilon = .679$)). Auf Basis des $\varepsilon$-Wertes ($\varepsilon < .75$) wurde folgend eine Huynh-Feldt-Korrektur der Freiheitsgrade durchgeführt (Girden, 1992, S. 20). Es zeigt sich für die Versuchsbedingungen (Baseline/Experiment/Baseline)

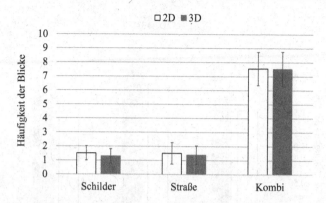

**Abbildung 3.27** Studie „Fahrsimulator": Ergebnisse des Eye-Tracking - Häufigkeit der Blicke
Quelle: eigene Darstellung

**Tabelle 3.28** Studie „Fahrsimulator": deskriptive Kennwerte des Eye-Tracking – Blickhäufigkeit
Quelle: eigene Darstellung

| $N = 646$ | 2D | | 3D | | gruppenweiser Vergleich | statistische Signifikanz ($p$) |
|---|---|---|---|---|---|---|
| | $M$ [n] | $SD$ | $M$ [n] | $SD$ | | |
| Schilder | 1,5 | 1,0 | 1,3 | 1,0 | $t(646) = 6.56$ | .153 |
| Straße | 1,5 | 1,5 | 1,4 | 1,3 | $t(646) = 5.24$ | .054 |
| Kombi | 7,6 | 2,4 | 7,5 | 2,4 | $t(646) = 0.73$ | .884 |

ein signifikanter Einfluss auf das Fahrverhalten. Der Interaktionseffekt zwischen Versuchsbedingung und Monitor-technologie und der Zwischensubjektvergleich ergab keinen signifikanten Effekt.

### 3.4.2.5 Visuelle Ermüdung

Die visuelle Ermüdung beider Gruppen sowie der zeitliche Verlauf über die fünf Messzeitpunkte ist in Abbildung 3.29 dargestellt. Alle Items befinden sich auf niedrigem Niveau. Lediglich für das Item „Geistige Ermüdung" zeigt sich über den zeitlichen Verlauf eine Steigerung. Für einen Vergleich der Zeitreihen wurden für jedes Item in der jeweiligen Gruppe die Messwerte zum ersten Messzeitpunkt auf null gesetzt und ein relativer Verlauf zu diesem grafisch dargestellt. Die Analyse der relativen Zeitreihen sowie eine Übersicht über die deskriptiven Kennwerte sind in Anlage H, Abbildung AH60 gegeben. Es zeigen sich lediglich geringfügige Effekte, die bei Vergleich der beiden Gruppen in Anbetracht der Dauer des

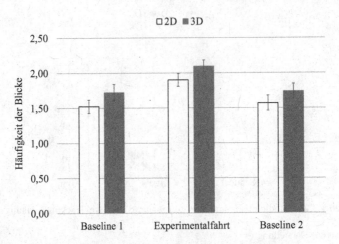

**Abbildung 3.28** Studie „Fahrsimulator": Ergebnisse der Lane Change Task
Quelle: eigene Darstellung

**Tabelle 3.29** Studie „Fahrsimulator": deskriptive Kennwerte der Lane Change Task
Quelle: eigene Darstellung

| Gruppe | | Messzeitpunkt | | |
|--------|------|------------|------------------|------------|
| | | Baseline 1 | Experimentalfahrt | Baseline 2 |
| 2D | *M*\* | 1,52 | 1,90 | 1,57 |
| | *SD* | 0,19 | 0,18 | 0,22 |
| 3D | *M*\* | 1,72 | 2,10 | 1,74 |
| | *SD* | 0,23 | 0,17 | 0,21 |

*die Werte geben die gemittelte Abweichung von der Idealspur wieder

Versuches keine relevanten Auswirkungen auf die visuelle Ermüdung haben. Die deskriptiven Ergebnisse können in Anlage H, Tabelle AH68 eingesehen werden.

### 3.4.2.6 Nutzererfahrungen

Die Probanden waren dazu angehalten, das ihnen am besten vertraute Kombiinstrument aus ihrem eigenen Fahrzeug mit dem vorgestellten autostereoskopischen Kombi-instrument zu vergleichen. Aus dem Fragebogen wurden die Subskalen „Nützlichkeit" und „Zufriedenheit" extrahiert und in Abbildung 3.30 sowie Tabelle 3.31 dargestellt. Die inferenzstatistische Analyse auf Basis von t-Tests für

**Tabelle 3.30** Studie „Fahrsimulator": gruppenweiser Vergleich der Lane Change Task
Quelle: eigene Darstellung

| Innersubjektvergleich | gruppenweiser Vergleich | Signifikanz ($p$) | partielles $\eta^2$ |
|---|---|---|---|
| Versuchsbedingung (VB)* | $F(1.511, 27.194) = 112.82$ | $< .001$ | .862 |
| VB × Monitortechnologie* | $F(1.511, 27.194) = 0.18$ | .779 | .010 |
| Zwischensubjektvergleich | $F(1, 18) = 0.18$ | .677 | .010 |

*Korrektur der Freiheitsgrade nach Huynh-Feldt, da keine Sphärizität gegeben

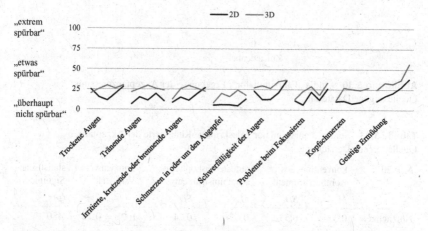

**Abbildung 3.29** Studie „Fahrsimulator": absolute Entwicklung der visuellen Ermüdung
Quelle: eigene Darstellung

gepaarte Stich-proben ergab in der Dimension „Zufriedenheit" einen signifikanten Unterschied ($t(19) = 2.17$, $p = .044$).

Die Ergebnisse der erhobenen User Experience für das herkömmliche Kombiinstrument und das autostereoskopische Kombiinstrument können in Abbildung 3.31 eingesehen werden. Die Ergebnisse liegen weitestgehend im positiven Bereich. Lediglich in der Dimension „Originalität" liegt das herkömmliche Kombiinstrument im negativen Bereich. Bis auf die Subskala „Attraktivität" ($t(19) =$

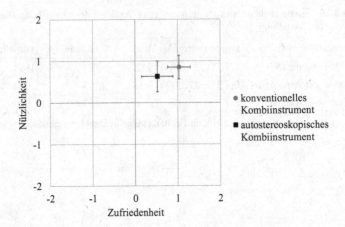

**Abbildung 3.30**  Studie „Fahrsimulator": Ergebnisse der Akzeptanzmessung
Quelle: eigene Darstellung

**Tabelle 3.31**  Studie „Fahrsimulator": deskriptive Kennwerte der Akzeptanz
Quelle: eigene Darstellung

| $N = 20$ | konventionelles Kombiinstrument | | autostereoskopisches Kombiinstrument | | gruppenweiser Vergleich | statistische Signifikanz |
|---|---|---|---|---|---|---|
| | $M$ | $SD$ | $M$ | $SD$ | | $(p)$ |
| Nützlichkeit | 0,85 | 0,53 | 0,63 | 0,74 | $t(19) = 0.72$ | .480 |
| Zufriedenheit | 1,03 | 0,57 | 0,52 | 0,74 | $t(19) = 2.17$ | .044 |

.44, $p = .664$) konnten für die restlichen Subskalen mittels gepaarten t-Tests signifikante Unterschiede festgestellt werden[8]. Die Ergebnisse der Inferenzstatistik sind in Tabelle 3.32 dargestellt.

### 3.4.3  Diskussion

Die Fahrsimulatorstudie untersuchte die generelle Wirksamkeit von autostereoskopischen Monitoren als FAS/FIS in Fahrzeugen. Beide Gruppen waren hinsichtlich der Variablen Geschlecht, Alter, Jahreskilometer, Fähigkeit zum 3D-Sehen

---

[8] Auf einen Vergleich mit den Benchmark-Statistiken des UEQ wurde aufgrund von mangelnden Aussagen, welche Produkte im Benchmark enthalten sind, verzichtet.

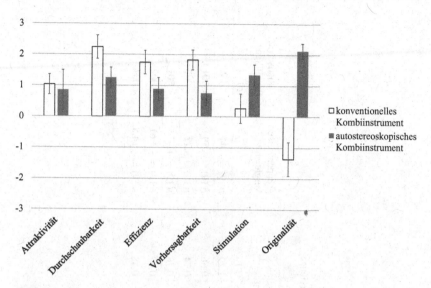

**Abbildung 3.31** Studie „Raumempfinden": Ergebnisse der User Experience
Quelle: eigene Darstellung

und subjektivem Sehvermögen ausbalanciert. Tabelle 3.33 gibt zunächst eine Übersicht über die aufgestellten Hypothesen aus Abschnitt 3.4 wieder und stellt das jeweilige Ergebnis dar.

Die Ergebnisse zeigen, dass autostereoskopische Monitore die Wahrnehmungsleistung in Bezug auf eine FAS/FIS Anwendung erhöhen. Dabei wurden keine negativen Effekte auf das Blickverhalten und die Qualität der Fahraufgabe festgestellt. Die gestellte Aufgabe kann als fordernd eingestuft werden, da weder die 2D- noch die 3D-Gruppe ein Antwortniveau von über 50 % erreichen konnte. Im Vergleich zur Studie „Wahrnehmungsleistung" mussten die Probanden im vorliegenden Experiment mehrere Blickwechsel zwischen Fahr- und Nebenaufgabe durchführen, was den Schwierigkeitsgrad der Aufgabe insgesamt erhöht und sich demzufolge negativ auf die Aufgabenleistung der Nebenaufgabe auswirkt. Werden die Antwortniveaus beider Gruppen verglichen, so zeigt sich, dass die Probanden in der 3D-Bedingung mit einer höheren Zuverlässigkeit korrekte Antworten aus der 5x5-Matrix extrahierten. Besonders deutlich wird der Unterschied zur 2D-Bedingung, wenn die Anzahl der korrekten Informationsblöcke untersucht wurde. Die stereoskopische Tiefe der Reize half den Probanden dabei, die Zielreize von den umgebenden Reizen zu trennen und somit die Zweitaufgabe zuverlässiger zu

**Tabelle 3.32** Studie „Fahrsimulator": deskriptive Kennwerte der User Experience
Quelle: eigene Darstellung

| $N = 20$ | konventionelles Kombiinstrument | | autostereoskopisches Kombiinstrument | | gruppenweiser Vergleich | statistische Signifikanz |
|---|---|---|---|---|---|---|
| | $M$ | $SD$ | $M$ | $(p)$ | | $(p)$ |
| Attraktivität | 1,03 | 0,65 | 0,85 | 1,29 | $t(19) = 0.44$ | .665 |
| Durchschaubarkeit | 2,24 | 0,76 | 1,25 | 0,66 | $t(19) = 4.50$ | <.001 |
| Effizienz | 1,75 | 0,76 | 0,89 | 0,74 | $t(19) = 3.72$ | .002 |
| Vorhersagbarkeit | 1,83 | 0,64 | 0,76 | 0,78 | $t(19) = 4.37$ | <.001 |
| Stimulation | 0,27 | 0,95 | 1,35 | 0,67 | $t(19) = -3.61$ | .002 |
| Originalität | −1,36 | 1,09 | 2,13 | 0,48 | $t(19) = -14.52$ | <.001 |

**Tabelle 3.33**  Studie „Fahrsimulator": Übersicht über die untersuchten Hypothesen
Quelle: eigene Darstellung

| # | Hypothese | Ergebnis |
|---|-----------|----------|
| H3-1 | Stereoskopische Anzeigen ermöglichen eine verbesserte visuelle Wahrnehmungsleistung im Anwendungsfeld bei Ausübung einer Fahraufgabe | Angenommen |
| H3-2 | Die Verwendung einer stereoskopischen Anzeige hat keinen negativen Einfluss auf das Blickverhalten der Fahrer | Angenommen |
| H3-3 | Die Verwendung einer stereoskopischen Anzeige hat keinen negativen Einfluss auf die Qualität der Fahraufgabe | Angenommen |
| H3-4 | Die erhobenen Werte der Querdisparität aus der Studie „Wahrnehmungsleistung" vermeiden visuelle Beschwerden bei der Ausführung der Fahraufgabe | Angenommen |

bearbeiten. Die subjektive Einschätzung der Arbeitsbelastung durch die Gesamtaufgabe ist für beide Gruppen auf einem ähnlichen Niveau und es konnten keine Unterschiede festgestellt werden.

Die Hypothese H3-1 untersuchte ob stereoskopische Anzeigen eine verbesserte Wahrnehmungsleistung im Anwendungsfeld bei Ausübung einer Fahraufgabe ermöglichen. Diese konnte angenommen werden und steht damit im Kontext der Ergebnisse von Broy, N. et al. (2014), Broy, N. und Guo et al. (2015) sowie Pitts et al. (2015). Dabei muss festgestellt werden, dass analog zur vorangegangenen Studie die zweidimensionale Darstellung der Reize als Änderung der Größe wahrgenommen wurde, was sich hinsichtlich einer rein monoskopischen Unterscheidbarkeit der Zielreize als wenig effizientes Unterscheidungsmerkmal herausstellte. Insgesamt konnte wiederholt die Wirksamkeit von dreidimensionalen Tiefenreizen im Nahbereich unter Beweis gestellt werden (vgl. Abschnitt 2.2.1).

Hinsichtlich der Steigerung der Wahrnehmungsleistung wirkte sich die Verwendung eines 3D-Monitors nicht negativ auf die Häufigkeit der Blicke und die mittlere Blickdauer aus, womit Hypothese H3-2 bestätigt wird. Beide Gruppen wiesen analog zu Broy, N. et al. (2014) ein vergleichbares Blickverhalten auf, was den Schluss zulässt, dass allein die bessere Unterscheidbarkeit der Reize zu einer Effizienzsteigerung der Wahrnehmung führt. Generell steht dies im Gegensatz zu den Aussagen von Szczerba und Hersberger (2014), jedoch kann aufgrund der unterschiedlichen Zweitaufgaben kein direkter Vergleich gezogen werden. In Bezug auf die Fahraufgabe standen durch das vergleichbare Blickverhalten der beiden Gruppen ähnliche visuelle Ressourcen zur Verfügung, was demzufolge auch die vergleichbaren Leistungen bezüglich der Ausführung der Fahraufgabe erklärt. Somit kann die Hypothese H3-3 angenommen werden.

Der in Studie „Wahrnehmungsleistung" erhobene Wert der Querdisparität von 0,155 Grad zeigte auch in dieser Studie hinsichtlich der ergonomischen Auswirkungen eine gute Eignung als praktikables Maß stereoskopischer Unterscheidbarkeit. Es konnten keine negativen Effekte auf die visuelle Ermüdung gefunden werden. Somit kann Hypothese H3-4 angenommen werden. Aus der deskriptiven Analyse zeigte sich lediglich eine zunehmende geistige Ermüdung, die mit der Monotonie der gestellten Aufgabe erklärt werden kann.

Hinsichtlich der Nutzerfahrungen zeigte sich beim Vergleich des vorgestellten 3D-Kombiinstrumentes mit dem herkömmlichen Instrument, mit dem die Probanden am besten vertraut sind, ein besonderer Vorteil in den Kategorien „Stimulation" und „Originalität", was mit dem Kennenlernen einer neuartigen und unbekannten Technologie zusammenhängt. Dies zeigt sich auch in den berichteten Einschätzungen in den Kategorien „Durchschaubarkeit", „Effizienz" und „Vorhersagbarkeit" für autostereoskopische Kombiinstrumente. Diese wurden im Vergleich zu einem herkömmlichen Kombiinstrument schlechter bewertet. Eine Erklärung ist, dass die Probanden nur bedingt in der Lage sind, aufgrund des einfachen Designs des vorgestellten Kombiinstrumentes (vgl. Abbildung 3.20 und Abbildung 3.22) eine Vorhersage über die Nutzung der Technologie in einem ausgereiften Stadium im Vergleich zum bekannten Kombiinstrument zu treffen. Zwar wird dem System innerhalb der Akzeptanzmaße eine ähnliche Nützlichkeit wie einem herkömmlichen Kombiinstrument attestiert, so zeigt sich jedoch auch eine mangelnde Zufriedenheit mit dem System. Das einfache Design des verwendeten Kombiinstrumentes muss also im Zusammenhang mit den Nutzererfahrungen als generelles Defizit angesehen werden, jedoch zeigt sich auch das große Potenzial autostereoskopischer Kombiinstrumente hinsichtlich hedonischer Merkmale, wie dies auch schon die Forschergruppen Broy, N. et al. (2014) und Broy, N. und Schneegass et al. (2015) zeigen konnten.

Vom methodischen Standpunkt aus zeigte sich wiederholt die generelle Eignung der LCT als klassisches Erhebungsinstrument der Fahrer-Fahrzeug-Forschung mit hoher Reliabilität und Validität unter Verwendung einer Zweitaufgabe. Dabei konnte die Mehrfachaufgabenperformanz unter Verwendung des 3D-Monitors und einer Fahraufgabe gemessen werden, was wiederrum bei konstant gehaltener Fahraufgabe gute Rückschlüsse auf die Effizienz stereoskopischer Darstellungen zuließ. Eine direkte Übertragbarkeit der Blickdauern zur Bearbeitung der Aufgabe in die Realität ist nicht möglich, da die Bearbeitung der Aufgabe

und des Spurwechsels als parallele Handlungen abliefen und durch das Versuchsdesign erzwungen worden sind. Dies stellt eine artifizielle Handlung dar, die keine
Rückschlüsse auf reale Versuchsbedingungen zulässt.

Zusammenfassend konnte die generelle Wirksamkeit autostereoskopischer
Displays auf Basis einer verbesserten Wahrnehmungsleistung in einem Fahrsi-
mulatorexperiment unter Beweis gestellt werden. Nutzer entsprechender Systeme
sind in der Lage, mehr Informationen aus einer stereoskopischen Darstellung
bei Ausführung einer Fahraufgabe zu erfassen und zu verarbeiten als in einer
zweidimensionalen Bedingung. Dabei zeigte sich insbesondere bei der komplet-
ten Erfassung von Informationsblöcken mit fünf Elementen ein klarer Vorteil
der 3D-Darstellung. Typische fahraufgabenrelevante Merkmale wie das Blickverhalten oder die Qualität der Fahraufgabe wurden dabei über die gesamte
Versuchsdauer nicht beeinträchtigt, was wiederholt die geringe visuelle Belastung durch den 3D-Monitor zeigt. Für die Praxis zeigt sich hier das besondere
Potential von autostereoskopischen Monitoren. Werden die für die Fahraufgabe
wichtigsten Informationen stereoskopisch kodiert, so können diese dem Fahrer
aufmerksamkeitslenkend als Entscheidungskriterium zur Informationsaufnahme
präsentiert werden. Der aus der Studie „Wahrnehmungsleistung" übernommene
Wert der Querdisparität von 0,155 Grad erwies sich dabei als effizienter Wert für
die Wahrnehmung und die visuelle Belastung. Durch die beschriebene Gestaltung
kann ein Fahrer somit mehr Informationen aufnehmen als mit herkömmlichen
Anzeigen, was besonders relevant in Bezug auf die immer komplexer werden-
den Kombiinstrumente ist, deren Funktionen weit über das bloße Anzeigen von
Geschwindigkeit und Drehzahl hinausgehen. Zudem zeigt sich hinsichtlich der
Nutzerbewertung das große Potential autostereoskopischer Anzeigen als MMS
von FAS/FIS-Anwendungen. Trotz des einfachen Designs bewerteten die Probanden dieses als originell und stimulierend. Wird die MMS in ein vollumfänglich
gestaltetes Design umgesetzt und diese mehr mehrfach verwendet, so kann eine
hohe Bewertung der User Experience in den Kategorien „Durchschaubarkeit",
„Effizienz" und „Vorhersagbarkeit" erreicht werden. Ausgehend von diesem Fazit
entsteht ein hoher Bedarf an Forschung im Bereich der Gestaltung von Kombiinstrumenten, die auf stereoskopischen Anzeigen basieren. Zum einen gilt es zu
klären, für welche Informationen es zweckvoll ist, dieses mittels des Attributes
Tiefe zu kodieren und zum anderen ist zu untersuchen, inwieweit das Attribut
Tiefe mit anderen Merkmalen, wie zum Beispiel Farbe konkurriert. Wesentlich
ist dabei die semantische Funktion eines herausgestellten Bildschirmelements.
So kann die dreidimensionale Darstellung für die erläuterte Aufmerksamkeitslenkung verwendet werden oder zur Steigerung der Dringlichkeit einer Warnung.
Die große Anzahl an Möglichkeiten zur Informationsgestaltung muss daher zur

Sicherstellung einer hohen Gebrauchstauglichkeit unter Berücksichtigung der visuellen Wahrnehmungsleistung und den besprochenen ergonomischen Merkmalen in weiteren Studien als Usability-Test im Fahrsimulator oder Realfahrtstudien untersucht werden.

# Zusammenfassung und Ausblick

4

Das vorliegende Kapitel diskutiert zusammenfassend die Ergebnisse der vorgestellten Studien. Weiterhin erfolgt ein Überblick über die praktischen und theoretisch-methodischen Implikationen sowie die grundlegenden Limitationen der Arbeit und schließt mit einem Ausblick ab. Abbildung 4.1 ordnet das Kapitel in die Arbeit ein.

Das Ziel der vorliegenden Arbeit war die Untersuchung der Eignung autostereoskopischer Anzeigen im Fahrzeugkontext unter Betrachtung der Wahrnehmungsleistung sowie des ergonomischen Komforts. Dazu wurde im empirischen Feld der Fahrer-Fahrzeug-Interaktion die Hauptthese erstellt, dass autostereoskopische Monitore den Fahrer in der Informationsaufnahme unter Berücksichtigung ergonomischer Beeinträchtigungsfreiheit besser unterstützen als herkömmliche zweidimensionale Anzeigen. Dazu wurde auf Basis der ergonomischen Anforderungen von stereoskopischen Darstellungen der Ansatz gewählt, den visuellen Diskomfort durch die Minimierung des Akkommodation-Konvergenz-Konflikts zu reduzieren, ohne die Vorteile von stereoskopischen Darstellungen zu negieren. Methodisch wurde dazu in der Studie „Raumempfinden" eine abstrahierte Kreuzungssituation auf Basis einer dreidimensionalen, stufenlosen Darstellung erzeugt, wobei der stereoskopische Fokus systematisch parametrisiert wurde. Die Situation wurde anhand eines Kritikalitätsmaßes bewertet.

Die Studie „Wahrnehmungsleistung" untersuchte die Wahrnehmungsleistung von gestuften Darstellungen. Methodisch wurden dabei die Tiefenpositionen und Größen von Objekten systematisch variiert und von den Probanden eingeschätzt. Weiterhin erfolgte ein Zählen von zwei- und dreidimensional dargestellten Objekten.

Die Ergebnisse der Studie „Wahrnehmungsleistung" wurden in das Experiment „Fahrsimulator" übertragen. Dabei wurde in realitätsnahen Bedingungen

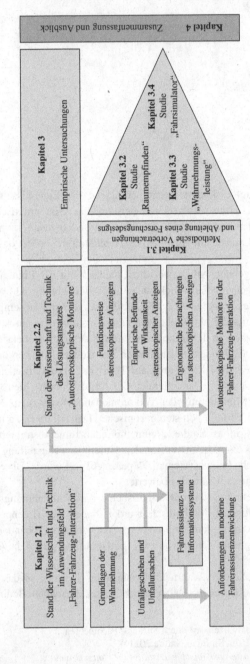

**Abbildung 4.1**  Einordnung von Kapitel 4 in den Aufbau der Arbeit
Quelle: eigene Darstellung

**Tabelle 4.1**   Übersicht über die untersuchten Hypothesen
Quelle: eigene Darstellung

| Studie | | Hypothese | Ergebnis |
|---|---|---|---|
| Raum-empfinden | H1-1 | Stereoskopische Anzeigen ermöglichen eine verbesserte räumliche Situationsbewertung gegenüber zweidimensionalen Anzeigen | Angenommen |
| | H1-2 | Eine erhöhte Perspektive vermittelt eine bessere Situationsbewertung als flache Perspektiven | Abgelehnt |
| | H1-3 | Die Einhaltung ergonomischer Grenzwerte vermeidet visuelle Beschwerden durch stereoskopische Darstellungen | Angenommen |
| Wahrnehmungs-leistung | H2-1 | Stereoskopische Darstellungen ermöglichen eine höhere visuelle Wahrnehmungsleistung bezüglich tiefenbezogener Objektmerkmale als zweidimensionale Anzeigen | Angenommen |
| | H2-2 | In Bezug auf die visuelle Wahrnehmungsleistung ist eine Variation der Größe weniger effizient als eine Variation der Tiefe | Angenommen |
| | H2-3 | Stereoskopische Darstellungen ermöglichen eine höhere visuelle Wahrnehmungs-leistung bei der Erfassung mehrerer Objekte als zweidimensionale Anzeigen | Angenommen |
| | H2-4 | Je schwieriger eine Aufgabe ist, desto höher ist der Unterstützungsgrad stereoskopischer Darstellungen | Angenommen |
| Fahrsimulator | H3-1 | Stereoskopische Anzeigen ermöglichen eine verbesserte visuelle Wahrnehmungsleistung im Anwendungsfeld bei Ausübung einer Fahraufgabe | Angenommen |

(Fortsetzung)

**Tabelle 4.1**   (Fortsetzung)

| Studie | | Hypothese | Ergebnis |
|---|---|---|---|
| | H3-2 | Die Verwendung einer stereoskopischen Anzeige hat keinen negativen Einfluss auf das Blickverhalten der Fahrer | Angenommen |
| | H3-3 | Die Verwendung einer stereoskopischen Anzeige hat keinen negativen Einfluss auf die Qualität der Fahraufgabe | Angenommen |
| | H3-4 | Die erhobenen Werte der Querdisparität aus der Studie „Wahrnehmungsleistung" vermeiden visuelle Beschwerden bei der Ausführung der Fahraufgabe | Angenommen |

unter Ausführung einer Nebenaufgabe die generelle Wirksamkeit von stereoskopischen Darstellungen als exemplarische FAS/FIS-Anwendung untersucht.
Tabelle 4.1 gibt zunächst einen Überblick zu allen Hypothesen der Studien und
deren grundlegenden Ergebnisse.

Anhand der drei Studien mit insgesamt einhundert Probanden wurde der
Nachweis erbracht, dass autostereoskopische Monitore als MMS in FAS/FIS-
Anwendungen generell geeignet sind und im Vergleich zu zweidimensionalen
Anzeigen eine höhere visuelle Wahrnehmungsleistung ermöglichen. Weiterhin wurden innerhalb der Studien die grundlegenden Anforderungen an die
ergonomische Gestaltung sowie die Effektivität und Effizienz von autostereoskopischen Monitoren im Fahrzeug adressiert. Aus den Ergebnissen konnten
optimierte Werte der Querdisparität extrahiert werden, die eine ergonomische
Beeinträchtigungsfreiheit sowie eine hohe visuelle Wahrnehmungsleistung ermöglichen. Damit kann die Aussage getroffen werden, dass der gewählte Ansatz,
den Akkommodation-Konvergenz-Konflikt durch nutzergerechte Minimierung der
Querdisparitäten unter Aufrechterhaltung einer hohen Wahrnehmungsleistung zu
optimieren, zielführend ist.

Tabelle 4.2 zeigt als Hauptergebnis der Studien die Werte der optimierten
Querdisparitäten, ab denen Nutzern eine höhere visuelle Wahrnehmungsleistung
ermöglicht wurde. Unterhalb dieser Werte konnte kein Unterschied zu einer

2D-Darstellung festgestellt werden. Methodisch wurde dazu der gesamte praxis-relevante Bereich von Querdisparitäten bis auf die sensorischen Schwellenwerte der Wahrnehmung von Tiefenreizen abgedeckt. Die optimierten Querdisparitäten ordnen sich zwischen den sensorischen Schwellenwerten der Wahrnehmung von Tiefenreizen und den aus der Literatur extrahierten Grenzwerten ein. Alle Werte der Querdisparität liegen dabei unterhalb der allgemein gültigen und ergonomisch wichtigen Grenze von einem Grad (Lambooij et al., 2009).

**Tabelle 4.2**  Übersicht über erhobene Querdisparitäten für eine hohe Wahrnehmungsleistung
Quelle: eigene Darstellung

| Studie | Parametrisierung | empfohlene Querdisparität |
|---|---|---|
| Raum-empfinden | Stufenlose Darstellung 0,20 bis 1,09 Grad | > 0,61 Grad |
| Wahrnehmungs-leistung | Gestufte Darstellung 0,038 bis 0,195 Grad | > 0,076 Grad (75% Antwortniveau) > 0,155 Grad (95% Antwortniveau) |
| Fahrsimulator | Gestufte Darstellung 0,155 Grad | – |

Die dargestellten Werte dienen somit als Parameter stereoskopischer Tiefe, die eine hohe visuelle Wahrnehmungsleistung unter Berücksichtigung der ergo-nomischen Beeinträchtigungsfreiheit ermöglichen und beantworten somit die Forschungsfrage „F1". Zudem lassen die Parameter auch Rückschlüsse auf die Forschungsfrage „F2" zu, welche nach einem grundlegenden Unterschied hin-sichtlich einer gestuften und stufenlosen Darstellung suchte. Der Haupteffekt für diesen Unterschied entsteht durch die konkurrierenden Prinzipien der Tie-fenwahrnehmung, wie monokulare, binokulare und okulomotorische Tiefenreize (vgl. Abschnitt 2.2.1). Die Einordnung der optimierten Querdisparitäten in die Literatur ist in Abbildung 4.2 dargestellt.

Hinsichtlich der Forschungsfrage „F3" wurde bei Ausübung einer Neben-aufgabe die Ausprägung der Unterstützung autostereoskopischer Monitore in FAS/FIS-Anwendungen untersucht, wobei lediglich eine Steigerung der visuellen Wahrnehmungs-leistung festgestellt werden konnte. Tabelle 4.3 gibt abschlie-ßend einen Überblick zu den Kernergebnissen der Forschungsfragen wieder. Damit liefert die Arbeit einen Beitrag für die Forschungsdomäne stereoskopi-scher Anzeigen hinsichtlich der Anwendbarkeit ergonomischer Grenzwerte von Querdisparitäten und deren Effekte auf visuellen Diskomfort und Ermüdung.

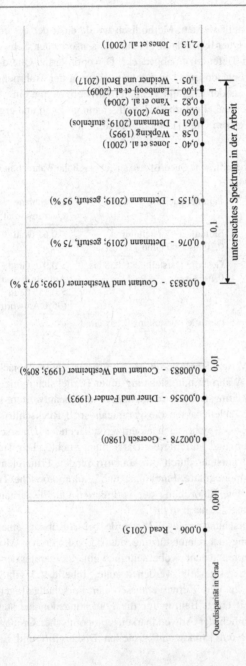

**Abbildung 4.2**  Einordnung der gefundenen Querdisparitäten in die Literatur
Quelle: eigene Darstellung

Die Forschungsdomäne wurde um konkrete Werte der Querdisparität ergänzt, die den Zusammenhang von Querdisparitäten und Wahrnehmungsleistung in gestuften und stufenlosen Darstellungen berücksichtigen. Für das Praxisfeld der Fahrer-Fahrzeug-Interaktion konnte die Eignung autostereoskopischer Monitore im Vergleich zu herkömmlichen Anzeigen unter Beweis gestellt werden. Diese Art der Darstellung von Informationen auf MMS von FAS/FIS-Anwendungen kann durch das Potenzial der höheren visuellen Wahrnehmungsleistung die Aufgabenschwierigkeit für den Fahrer bei der Erfassung von relevanten Informationen aus dem Fahrzeuginnenraum herabsetzen und somit dessen Wahrnehmungskapazitäten erhöhen, was im Sinne der Verkehrssicherheit vorteilhaft ist. Die folgenden Kapitel beschreiben die praktischen und theoretisch-methodischen Implikationen, welche aus den Ergebnissen getroffen werden können und stellen die Limitationen der Arbeit dar. Den Abschluss bildet ein Ausblick zum weiteren Vorgehen in Wissenschaft und Praxis.

**Tabelle 4.3** Übersicht über die Kernergebnisse der Forschungsfragen
Quelle: eigene Darstellung

| Forschungsfrage | Kernergebnisse |
|---|---|
| F1: Wie müssen die Parameter stereoskopischer Tiefe für Benutzeroberflächen gestaltet sein, um eine hohe visuelle Wahrnehmungsleistung unter Berück-sichtigung der ergonomischen Beeinträchtigungs-freiheit zu erzielen? | Für stufenlose Darstellungen beträgt ein beeinträchtigungsfreier Wert 0,61 Grad der Querdisparität. Für die gestufte Präsentation von Bildschirmelementen konnte ein Wert von 0,155 Grad auf einem 95%-Antwortniveau gefunden werden. |
| F2: Existieren grundlegende Unterschiede hinsichtlich einer hohen visuellen Wahrnehmungsleistung zwischen gestuften und stufenlosen Darstellungen in Bezug auf die Parameter der stereoskopischen Tiefe? | Für eine sichere Detektion von Unterschieden im Vergleich zu 2D-Darstellungen muss die stereoskopische Tiefe in stufenlosen Darstellungen um den Faktor 4 erhöht werden. |
| F3: Welche Aussagen können hinsichtlich der Ausprägung der Unterstützung durch autostereoskopische Monitore in FAS/FIS-Anwendungen getroffen werden? | Die Unterstützung durch autostereoskopische Monitore kann durch eine Steigerung der visuellen Wahrnehmungsleistung beschrieben werden. Für das grundlegende Blickverhalten und die Qualität der Fahraufgabe zeigten sich keine Vorteile. |

## 4.1    Praktische Implikationen

Hinsichtlich einer praxistauglichen Implementation von autostereoskopischen Anzeigen in einem Fahrer-Fahrer-Kontext zeigt sich, dass sehr schnelle Prüfblicke auf das Kombiinstrument oder die Mittelkonsole auch unter stereoskopischen Bedingungen möglich sind. Unter Einhaltung einer ergonomischen Komfortzone (siehe Abschnitt 2.2.3) wurde eine verbesserte visuelle Wahrnehmung gegenüber herkömmlichen Anzeigen nachgewiesen. Selbst minimale Tiefeninformationen können auch in kurzen Betrach-tungszeiträumen wahrgenommen werden, ohne den Fahrer dabei zusätzlich zu belasten.

Auf Basis der Arbeit ist es somit möglich, dreidimensionale Informationsanzeigen im Fahrzeug zu gestalten, deren Vorteil darin liegt, dass ein Fahrer im gleichen Zeitraum mehr Informationen im Vergleich zu konventionellen Anzeigen erfassen kann. Das bedeutet auch, dass es möglich ist, die Anzahl der Informationen beizubehalten und die Blickabwendungszeit von der Straße zu senken. Das höchste Potenzial besitzen demzufolge Anzeigen, die während einer Autofahrt eine hohe Blickzuwendung aufweisen. Dies können das Kombiinstrument, die Navigationsanzeige oder das das Head-Up-Display sein (vgl. Abschnitt 2.2.4).

Hinsichtlich der Informationspräsentation müssen sowohl Interfacedesigner als auch technische Entwickler auf die prinzipbedingten Unterschiede im Vergleich zu herkömmlichen Benutzeroberflächen achten. Werden dreidimensional gestufte Benutzeroberflächen wie ein dreidimensionales Kombiinstrument gestaltet, so muss über die sensorischen Schwellen hinaus ein schnell erfassbarer Unterschied zwischen den Informationsebenen implementiert werden. Die berichteten Erkenntnisse können in Anbetracht dieser Herausforderungen die praktischen Richtlinien zur Gestaltung dreidimensionaler Benutzeroberflächen ergänzen und Entwickler mit konkreten Kennwerten im Entwurf unterstützen. Besondere fahraufgabenrelevante Informationen wie Warnungen, die in einer gestuften Präsentationsart dargestellt werden, sollten für eine sichere und schnelle Erkennung mit einer stereoskopischen Unterscheidbarkeit von 0,155 Grad gestaltet werden. Für weniger dringliche Informationen kann die stereoskopische Tiefe kleiner ausgeführt werden, da durch längere oder multiple Blickzuwendungen eine sichere Detektion ermöglicht wird. In der stufenlosen Darstellungsart tritt jedoch erst ab 0,61 Grad Querdisparität eine höhere visuelle Wahrnehmungsleistung auf. Der Unterschied für beide Darstellungsarten liegt dabei in der Bedeutung der in Abschnitt 2.2.1 vorgestellten Tiefenreize. Benutzer erhalten neben den okulomotorischen und binokularen Tiefenreizen auch eine Vielzahl an monoskopischen Hinweisen aus abstrahiert gestalteten virtuellen Darstellungen. Entsprechend muss zur Erreichung der Vorteile stereoskopischer Anzeigen ein größerer wahrnehmbarer Tiefeneffekt auf den MMS implementiert werden.

Für eine Übertragbarkeit in die Praxis können die gefundenen Ergebnisse demzufolge eine Referenz für die Gestaltung dreidimensionaler Anzeigen in Fahrzeugen bilden, da das Versuchsdesign Kernfragestellungen der ergonomischen Anforderungen an FAS/FIS und stereoskopische Anzeigen adressiert.

## 4.2 Theoretisch-methodische Implikationen

Das methodische Vorgehen zur Untersuchung der Eignung autostereoskopischer Displays im Fahrer-Fahrzeug-Kontext orientiert sich am Gestaltungsprozess der DIN EN ISO 26800:2011 „Ergonomie – Genereller Ansatz, Prinzipien und Konzepte". Dieser beschreibt das methodische Vorgehen zur Untersuchung von mensch- und technologiebezogenen Faktoren für eine optimale Berücksichtigung menschlicher Bedürfnisse. Dazu wurde ein grundlegender Technologievergleich zwischen einem herkömmlichen und einem autostereoskopischen Monitor vollzogen. Alle vorgestellten Studien berücksichtigen die ergonomischen Faktoren zu Diskomfort und visueller Ermüdung. Die standardisierten Instrumente zur Kontrolle der stereoskopischen Sehfähigkeit (Lang-Stereotest I und II), und des subjektiven Sehvermögens (NEI-VFQ-25) sowie die Fragebögen zur visuellen Ermüdung VFQ und VFQ-k erweisen sich für alle Versuche als geeignete Instrumente zur Quantifizierung der physiologischen Eigenschaften der Probanden. Mit Hilfe dieser Instrumente ist die technologie-übergreifende Bewertung auf Basis statistischer Tests über die Gruppen und einen zeitlichen Verlauf hinweg möglich. Daraus schlussfolgernd, können Aussagen getroffen werden, wie die Probanden das jeweilige System wahrnehmen und wie sich dieses über die Zeit auf physiologische Faktoren auswirkt. Je nach Studie konnte die Bewertung der ergonomischen Kriterien als Kurz- oder als Langzeitauswirkung berücksichtigt werden.

In Bezug auf die ergonomischen Werte der Querdisparität, die eine hohe visuelle Wahrnehmungsleistung ermöglichen, betrachtete die Arbeit den Bereich von 0,038 bis 0,195 Grad (Studie „Wahrnehmungsleistung") und 0,20–1,09 Grad (Studie „Raum-empfinden"). Damit wurde der gesamte in Abbildung 4.2 gezeigte praxisrelevante Bereich bis auf die sensorischen Schwellenwerte der Wahrnehmung von Tiefenreizen abgedeckt. Die Ergebnisse der Studien auf Basis visueller Suchen decken sich mit den theoretischen Erkenntnissen und lieferten zudem explizite Schwellenwerte für schnelle Suchen.

Zusammenfassend konnten anhand dieses methodischen Vorgehens die arbeitswissenschaftlichen Forderungen nach einer ergonomischen Beeinträchtigungsfreiheit und einer hohen Wahrnehmungsleistung beantwortet werden. Die Arbeit bildet damit ein methodisches Komplement zu den anwendungsorientierten Studien von Broy, N. (2016) und ergänzen den Forschungsbereich um ergonomische optimierte Kennwerte der Querdisparität für die Gestaltung von Informationssystemen im Fahrzeug.

## 4.3    Limitationen der Arbeit

Für die vorliegenden Arbeit und der darin durchgeführten empirischen Studien muss einschränkend erwähnt werden, dass Probanden in Laborversuchen generell dazu neigen, unabhängig von ihrem (visuellen) Wohlbefinden eine hohe Leistung erzielen zu wollen (Ntuen et al., 2009, S. 394). Dies bedeutet somit, dass die visuelle Ermüdung nur ein indirekter Indikator bezüglich der Wahrnehmungsleitung ist (Murata, Uetake, Otsuka & Takasawa, 2001, S. 314) und daher in alle Studien separat kontrolliert wurde. Jedoch konnte in den ersten beiden Studien nur eine gesamtheitliche Einschätzung der individuellen Belastung über den gesamten Versuchsverlauf erhoben werden. Diese Einschränkung war bedingt durch die Vielzahl von Messpunkten in beiden Studien, womit demzufolge kein Rückschluss auf die ergonomische Belastung der einzelnen Variationen der Querdisparität gezogen werden konnte. Dies ist jedoch insofern als unproblematisch zu bewerten, da diese Studien eine permanente Betrachtung des autostereoskopischen Displays über den gesamten Versuchszeitraum verlangten, was in einem realen Einsatz im Fahrzeug keinem natürlichen Verhalten entspricht. In Bezug auf die dritte Studie im Fahrsimulator wurde lediglich der optimierte Wert der gestuften Darstellung wiederholt angewendet. Dieser wurde anhand der LCT-Methode in einem realitätsnahen Kontext von den Probanden als unproblematisch eingestuft. Generell liegen die abgeleiteten Kennwerte aus Tabelle 4.2 innerhalb der empfohlenen Grenzwerte der Literatur, müssen aber zur weiteren Validierung in Labor- und insbesondere in Realfahrtstudien tiefergehend betrachtet werden.

Dies betrifft weiterhin die Fragestellung, wie sich die Verwendung stereoskopischer MMS beim freien Fahren auf das Blickverhalten und die Fahraufgabe auswirkt. Durch das Versuchsdesign im Fahrsimulator wurde den Probanden nur bedingt die Entscheidung zu einer freien Blickverteilung gegeben, was die fehlenden Effekte auf das Blickverhalten und die Qualität der Fahraufgabe erklären kann. Zudem ist zu bemerken, dass die Leistungsminderung des Antwortniveaus von 95 % in der Studie „Wahrnehmungs-leistung" auf circa 40 % in der Studie „Fahrsimulator" aufgrund unterschiedlicher Aufgabentypen mit und ohne Erstaufgabe nicht verglichen werden konnte. Die Aufgabe in der Studie „Fahrsimulator" verwendete eine abstrakte visuelle Suche in einer 5x5-Matrix, in der die gesuchten

Informationselemente nur durch die stereoskopische Tiefe oder Größe abgesetzt wurden. Vertraute semantische Symbole in Kombiinstrumenten, die zumeist zusätzlich in Form und Farbe kodiert werden, können jedoch die Wahrscheinlichkeit der Entdeckung in Kombination mit einer abgesetzten stereoskopischen Tiefe erhöhen. Es gilt daher in weiteren Studien zu klären, inwieweit ein ausgestaltetes stereoskopisches Kombiinstrument inklusive situationsabhängiger Informationen und Warnungen Einfluss auf die visuelle Wahrnehmungsleistung besitzt.

## 4.4 Ausblick

Abschließend soll ein Überblick zu zukünftigen Forschungen im Bereich der stereoskopischen Anzeigen und der Verknüpfung zur Fahrer-Fahrzeug-Interkation gegeben werden. Wie bereits in den Limitationen der Arbeit erörtert wurde, müssen zur Übertragung der Erkenntnisse und der Technologie in die reale Welt weitere Feldtests in Ergänzung zu den Studien von Broy, N. (2016, S. 223) und Sandbrink et al. (2017, S. 162) durchgeführt werden. Dies stellt die externe Validität der erhobenen Kennwerte sicher und liefert Aussagen über die generelle Anwendbarkeit von autostereoskopischen Monitoren als MMS im Fahrzeug. Insbesondere die Ergebnisse der Studie „Fahrsimulator" in Kombination mit der Forschungsfrage „F3" hinsichtlich der Ausprägung der Unterstützung durch diese Anzeigen können nur in weiteren Realfahrttests detailliert beantwortet werden. Zudem können in Langzeittests die ergonomischen Kennwerte auf die tatsächliche Praxistauglichkeit hin untersucht werden.

Weiterhin ergibt sich ein wesentlicher Forschungsbedarf hinsichtlich der Informationen, die mit einer stereoskopischen Tiefe angezeigt werden sollen. Es muss geklärt werden, welche Anzeigeelemente relevant für eine dreidimensionale Darstellung sind und wie diese von Anwendern semantisch gedeutet werden. Je nach Interventionsstufe der FAS/FIS-Anwendung und Zeithorizont, der zur Informationsübermittlung zur Verfügung steht, eignen sich optische Warnungen nur unter bestimmten Voraussetzungen. Optische Anzeigen sind für zeitkritische Warnungen nur bedingt geeignet, können jedoch den Fahrer aufmerksamkeitslenkend unterstützen, was auf Basis von FAS/FIS-Anwendungen, die eine räumliche Aufmerksamkeitslenkung zu relevanten Objekte im Straßenverkehr besitzen, prinzipiell möglich ist (Dettmann & Bullinger, 2017, S. 197). Weiterhin gilt es, die grundlegenden Designprinzipien der Informationsgestaltung und deren Übertragbarkeit auf 3D-Anzeigen zu betrachten. Richtlinien zur Informations-gestaltung diskutieren zumeist die beeinträchtigungsfreie Gestaltung, lassen jedoch Betrachtungen zum semantischen Potenzial von 3D-Anzeigen außen vor. Exemplarisch erläutern Broy, N. und Guo et al. (2015, S. 185) die subjektiv erhöhte Dringlichkeit von stereoskopisch hervorgehobenen Informationen, stellten in ihren Studien jedoch fest, dass sich eine Farbkodierung als das effizientere Merkmal erwies. Es stellt sich also die Frage, wie das semantische Potenzial stereoskopischer Anzeigen über die reine Informationsstrukturierung angewendet werden kann, um das volle Potenzial der Anzeigen auszunutzen. Analog verhält es sich zu den gestuften und stufenlosen Darstellungsarten und deren Mischformen, zu denen nur wenige generelle Aussagen existieren. Diese Forschungsansätze zur Informationsgestaltung und den Darstellungsarten lassen sich generell auch auf Anwendungen auf Basis von Virtual- und Augmented-Reality-Technologien übertragen.

Steht eine Anwendung mit physischer Interaktion und einem autostereoskopischen Monitor im Fokus, wie zum Beispiel bei der Mittelkonsole im Fahrzeug, entsteht ein weiteres Forschungspotenzial bezüglich der Ausgestaltung der MMS. Auf berührungsempfindlichen Monitoren erfolgt die Eingabe auf einer zweidimensionalen Ebene und steht damit im Kontrast zu den virtuell erscheinenden Objekten vor und hinter dieser Ebene. Mögliche Ansatzpunkte zur Lösung dieses Konfliktes können Gesten, berührungsloses Ultraschallfeedback oder Rückmeldungen mittels Vortex-Generatoren sein (Bernhagen & Bullinger, 2018).

Generell lassen die vorgestellten Forschungen im Kontext der Fahrer-Fahrzeug-Interaktion eine Übertragung in das generische Forschungsfeld der allgemeinen Mensch-Technik-Interaktion und damit in weitere Anwendungsbereiche zu, da allgemeingültige wissenschaftliche Praktiken angewendet und Fragestellungen der menschlichen Leistung und Ergonomie berücksichtigt worden sind (Regan et al., 2009, S. 457). Exemplarische Anwendungsgebiete sind ergonomisch fordernde Arbeitsplätze, die einem arbeitenden Menschen mit Hilfe von Bildschirmen eine hohe Informationsdichte übermitteln. Im Speziellen betrifft dies Arbeiten, die in einem dreidimensionalen Raum erfolgen oder sich auf diesen beziehen. Beispielsweise wird ein Großteil der relevanten Informationen für Piloten über optische Anzeigen vermittelt (Draeger, 2009, S. 370 ff.). Zudem koordinieren Fluglotsen eine große Anzahl von Flugzeugen in einem dreidimensionalen Raum (Wickens & Hollands, 2010, S. 139). Für beide exemplarisch genannten Nutzergruppen, als auch die untersuchte Zielgruppe der Autofahrer, bieten autostereoskopische Monitore das Potenzial, den Menschen bei der visuellen Informationsaufnahme besser zu unterstützen als konventionelle Anzeigen. Im Idealfall wird somit ein wichtiger Blick unter Tausenden von Blicken ermöglicht, der rechtzeitig die visuelle Wahrnehmung unterstützt und dadurch einen potenziellen Unfall vermeidet.

# Literaturverzeichnis

AAM. (2006). *Statement of Principles, Criteria and Verification Procedures on Driver Interactions with Advanced In-Vehicle Information and Communication Systems. Including 2006 Updated Sections.* Washington, USA: Alliance of Automobile Manufacturers.

Abel, H.-B., Blume, H.-J., Brabetz, L., Broy, M., Fürst, S., Ganzelmeier, L. et al. (2016). Elektrik/Elektronik/Software. In S. Pischinger & U. Seiffert (Hrsg.), *Vieweg Handbuch Kraftfahrzeugtechnik* (ATZ/MTZ-Fachbuch, 8. Auflage, S. 925–1104). Wiesbaden: Springer Vieweg.

Abendroth, B. & Bruder, R. (2012). Die Leistungsfähigkeit des Menschen für die Fahrzeugführung. In H. Winner, S. Hakuli & G. Wolf (Hrsg.), *Handbuch Fahrerassistenzsysteme. Grundlagen, Komponenten und Systeme für aktive Sicherheit und Komfort* (ATZ-MTZ-Fachbuch, 2. Auflage, S. 3–15). Wiesbaden: Vieweg+Teubner Verlag.

Ahlstrom, C. & Kircher, K. (2017). Changes in glance behaviour when using a visual eco-driving system – A field study. *Applied ergonomics, 58,* 414–423.

Akamatsu, M. (2009). Japanese Approaches to Principles, Codes, Guidelines, and Checklists for In-Vehicle HMI. In M. A. Regan, J. D. Lee & K. L. Young (Hrsg.), *Driver Distraction. Theory, Effects, and mitigation* (S. 425–443). Boca Ratón, USA: CRC Press.

Allport, A. (1989). Visual Attention. In M. I. Posner (Hrsg.), *Foundations of Cognitive Science* (S. 631–682). Cambridge, Mass.: MIT Press.

Arndt, S. (2011). *Evaluierung der Akzeptanz von Fahrerassistenzsystemen. Modell zum Kaufverhalten von Endkunden.* Wiesbaden: VS Verlag für Sozialwissenschaften.

Avnieli-Bachar, S., Borowsky, A. & Parmet, Y. (2015). Are Globality and Locality Related to Driver's Hazard Perception Abilities? *Proceedings of the Human Factors and Ergonomics Society Europe Chapter 2015 Annual Conference,* 205–216.

Badke-Schaub, P. (2008). *Human Factors. Psychologie sicheren Handelns in Risikobranchen: mit 17 Tabellen* (SpringerLink: Bücher). Heidelberg: Springer.

Bando, T., Iijima, A. & Yano, S. (2012). Visual Fatigue Caused by Stereoscopic Images and the Search for the Requirement to Prevent them: A Review. *Displays, 33* (2), 76–83.

Bangor, A. W. (2000). *Display Technology and Ambient Illuminat ion Influences on Visual Fatigue at VDT Workstations.* Dissertation, Virginia Polytechnic Institute and State University. Blacksburg, USA.

© Der/die Herausgeber bzw. der/die Autor(en), exklusiv lizenziert durch Springer Fachmedien Wiesbaden GmbH, ein Teil von Springer Nature 2021
A. Dettmann, *Eignung autostereoskopischer Displays im Fahrzeugkontext,*
https://doi.org/10.1007/978-3-658-32977-8

Banks, M. S., Read, J. C. A., Allison, R. S. & Watt, S. J. (2012). Stereoscopy and the Human Visual System. *SMPTE motion imaging journal, 121* (4), 24–43.

Bartels, A., Rohlfs, M., Hamel, S., Saust, F. & Klauske, L. K. (2015). Querführungsassistenz. In H. Winner, S. Hakuli, F. Lotz & C. Singer (Hrsg.), *Handbuch Fahrerassistenzsysteme. Grundlagen, Komponenten und Systeme für aktive Sicherheit und Komfort* (ATZ/MTZ-Fachbuch, 3. Auflage, S. 937–957). Springer Vieweg.

DIN, 5340:1998-04 (1998). *Begriffe der physiologischen Optik.* Berlin: Beuth Verlag GmbH.

Bellebaum, C., Thoma, P. & Daum, I. (2012). *Visuelle Wahrnehmung: Was, wo und wie // Neuropsychologie* (Lehrbuch, 1. Aufl.). Wiesbaden: VS Verlag für Sozialwissenschaften.

Bengler, K., Bubb, H., Lange, C., Aringer, C., Trübswetter, N., Conti, A. et al. (2015). Messmethoden. In H. Bubb, K. Bengler, R. E. Grünen & M. Vollrath (Hrsg.), *Automobilergonomie* (S. 617–662). Wiesbaden: Springer Fachmedien Wiesbaden.

Bernhagen, M. & Bullinger, A. C. (Hrsg.). (2018). *Designing Tactile Feedback for Midair Interaction in Virtual Environments.*

BGBl. 1977 II. (1977). Gesetz zu den Übereinkommen vom 8. November 1968 über Straßenverkehr und über den Straßenverkehr und über Straßenverkehr und über Straßenverkehrszeichen zu den Europäischen Zusatzübereinkommen vom 1. Mai 1971 zu diesen Übereinkommen sowie zum Protokoll vom 1. März über Staßenmarkierungen. *Bundesgesetzblatt Teil II,* 809–1111. Zugriff am 27.10.2017. Verfügbar unter https://www.bgbl.de/xaver/bgbl/start.xav?startbk=Bundesanzeiger_BGBl&jumpTo=bgbl277s0 809.pdf#__bgbl__%2F%2F*%5B%40attr_id%3D%27I_2017_70_inhaltsverz%27% 5D__1509135734232

BGH (27.07.1972) 4 StR 287/72. *BGHSt 24,* S. 382–386.

Bhise, V. D. (2016). *Ergonomics in the Automotive Design Process.* Boca Ratón, USA: CRC Press.

Birbaumer, N. & Schmidt, R. F. (1991). *Biologische Psychologie* (Springer-Lehrbuch, 2. Auflage). Berlin, Heidelberg: Springer Verlag.

Birrell, S. A. & Fowkes, M. (2014). Glance behaviours when using an in-vehicle smart driving aid: A real-world, on-road driving study. *Transportation Research Part F: Traffic Psychology and Behaviour, 22,* 113–125.

Boer, C. N. de, Verleur, R., Heuvelman, A. & Heynderickx, I. (2010). Added value of an Autostereoscopic Multiview 3-D Display for Advertising in a Public Environment. *Displays, 31* (1), 1–8.

Boothe, R. G. (2002). *Perception of the Visual Environment.* New York, USA: Springer Verlag.

Breuer, J., Hugo, C. v., Mücke, S. & Tattersall, S. (2015). Nutzerorientierte Bewertungsverfahren von Fahrerassistenzsystemen. In H. Winner, S. Hakuli, F. Lotz & C. Singer (Hrsg.), *Handbuch Fahrerassistenzsysteme. Grundlagen, Komponenten und Systeme für aktive Sicherheit und Komfort* (ATZ/MTZ-Fachbuch, 3. Auflage, S. 183–96). Springer Vieweg.

Broy, N. (2016). *Stereoscopic 3D User Interfaces. Exploring the Potentials and Risks of 3D Displays in Cars.* Dissertation, Universität Stuttgart. Stuttgart.

Broy, N., Alt, F., Schneegass, S. & Pfleging, B. (2014). 3D Displays in Cars. Exploring the User Performance for a Stereoscopic Instrument Cluster. In L. N. Boyle (Hrsg.), *Automotive UI' 14. Proceedings of the 6th International Conference on Automotive User Interfaces and Interactive Vehicular Applications* (S. 1–9).

Broy, N., Guo, M., Schneegass, S., Pfleging, B. & Alt, F. (2015). Introducing Novel Technologies in the Car – Conducting a Real-World Study to Test 3D Dashboards. In G. Burnett (Hrsg.), *Automotive UI '15. Proceedings of the 7th International Conference on Automotive User Interfaces and Interactive Vehicular Applications* (S. 179–186). New York, USA: ACM.

Broy, N., Schneegass, S., Guo, M., Alt, F. & Schmidt, A. (2015). Evaluating Stereoscopic 3D for Automotive User Interfaces in a Real-World Driving Study. In B. Begole & J. Kim (Hrsg.), *Proceedings of the 33rd Annual ACM Conference on Human Factors in Computing Systems* (S. 1717–1722). New York, USA: ACM.

Bruce, V., Green, P. R. & Georgeson, M. A. (2010). *Visual Perception. Physiology, Psychology, & Ecology* (4. Auflage). Hove, UK: Psychology Press.

Bubb, H. (2003). Fahrerassistenz – primär ein Beitrag zum Komfort oder für die Sicherheit? In *Der Fahrer im 21. Jahrhundert. Anforderungen, Anwendungen, Aspekte für Mensch-Maschine-Systeme* (VDI-Berichte, Bd. 1768, S. 25–44). Düsseldorf: VDI Verlag GmbH.

Bubb, H., Bengler, K., Grünen, R. E. & Vollrath, M. (Hrsg.). (2015). *Automobilergonomie.* Wiesbaden: Springer Fachmedien Wiesbaden.

Bubb, H. & Schmidtke, H. (1993). Systemergonomie. In H. Schmidtke (Hrsg.), *Ergonomie* (3. Auflage, S. 305–333). München: Carl Hanser Verlag.

Burns, P. C. (2009). North American Approaches to Principles, Codes, Guidelines, and Checklists for In-Vehicle HMI. In M. A. Regan, J. D. Lee & K. L. Young (Hrsg.), *Driver Distraction. Theory, Effects, and mitigation* (S. 411–424). Boca Ratón, USA: CRC Press.

Camuffo, I., Fürstenberg, K., Westhoff, D., Aparicio, A., Zlocki, A., Lützow, J. et al. (2008). *State of the Art and eVALUE Scope. Testing and Evaluation Methods for ICT-based Safety Systems.* Aachen: eVALUE Consortium.

Cavallo, V. E. & Cohen, A. S. (2011). Perception. In P.-E. Barjonet (Hrsg.), *Traffic Psychology Today* (S. 63–89). New York, USA: Springer.

Chaudhri, I. A., Louch, J. O., Hynes, C., Bumgarner, T. W. & Peyton, E. S. (2007). Apple Inc. (Anmelder), US8745535B2. USA.

Chen, J. Y. C., Oden, R. N. V., Kenny, C. & Merritt, J. O. (2010). Stereoscopic Displays for Robot Teleoperation and Simulated Driving. *Proceedings of the Human Factors and Ergonomics Society Annual Meeting, 54* (19), 1488–1492.

Chen, J. Y. C., Oden, R. V. N. & Merritt, J. O. (2014). Utility of Stereoscopic Displays for Indirect-Vision Driving and Robot Teleoperation. *Ergonomics, 57* (1), 12–22.

Chraif, M. (2013). Gender Influences in Peripheral and Central Visual Perception for the Young. *Procedia – Social and Behavioral Sciences, 84,* 1100–1104.

Cohen, A. S. (2017). Informationsaufnahme beim Kraftfahrer. In H. Burg & A. Moser (Hrsg.), *Handbuch Verkehrsunfallrekonstruktion. Unfallaufnahme, Fahrdynamik, Simulation* (ATZ/MTZ-Fachbuch, 3. Auflage, S. 269–286). Wiesbaden: Vieweg+Teubner Verlag / GWV Fachverlage GmbH, Wiesbaden.

Cole, B. L. (1972). Visual Aspects of Road Engineering. In *Proceedings* (S. 102–148). Canberra, Australien.

Coutant, B. E. & Westheimer, G. (1993). Population Distribution of Stereoscopic Ability. *Ophthalmic and Physiological Optics, 13* (1), 3–7.

Cutting, J. E. & Vishton, P. M. (1995). Perceiving Layout and Knowing Distances. The Integration, Relative Potency, and Contextual Use of Different Information about Depth. In

W. Epstein & S. Rogers (Hrsg.), *Perception of Space and Motion* (Handbook of Perception and Cognition, 2. Auflage, S. 69–117). San Diego, USA: Academic Press, Inc.

Darms, M. (2015). Fusion umfelderfassender Sensoren. In H. Winner, S. Hakuli, F. Lotz & C. Singer (Hrsg.), *Handbuch Fahrerassistenzsysteme. Grundlagen, Komponenten und Systeme für aktive Sicherheit und Komfort* (ATZ/MTZ-Fachbuch, 3. Auflage, S. 439–451). Springer Vieweg.

De la Rosa, S., Moraglia, G. & Schneider, B. A. (2008). The Magnitude of Binocular Disparity Modulates Search Time for Targets Defined by a Conjunction of Depth and Colour. *Canadian journal of experimental psychology, 62* (3), 150–155.

Destatis. (2017). *Verkehr. Verkehrsunfälle 2016* (Statistisches Bundesamt, Hrsg.) (Fachserie 8, Reihe 7). Zugriff am 16.10.2017. Verfügbar unter https://www.destatis.de/DE/Publik ationen/Thematisch/TransportVerkehr/Verkehrsunfaelle/VerkehrsunfaelleJ2080700167 004.pdf?__blob=publicationFile

Dettmann, A. & Bullinger, A. C. (2017). Spatially Distributed Visual, Auditory and Multimodal Warning Signals – a Comparison. *Proceedings of the Human Factors and Ergonomics Society Europe Chapter 2016 Annual Conference,* 185–99.

Diner, D. B. & Fender, D. H. (1993). *Human Engineering in Stereoscopic Viewing Devices* (Advances in Computer Vision and Machine Intelligence). New York, USA: Springer Sciene+Business Media.

Dingus, T. A., Klauer, S. G., Neale, V. L., Petersen, A., Lee, S. E., Sudweeks, J. et al. (2006). *The 100-Car Naturalistic Driving Study. Phase II – Results of the 100-Car Field Experiment.* Washington, USA: National Highway Traffic Safety Administration.

Dixon, S., Fitzhugh, E. & Aleva, D. (2009). Human Factors Guidelines for Applications of 3D Perspectives: A Literature Review. In J. T. Thomas & D. D. Desjardins (Hrsg.), *Display Technologies and Applications for Defense, Security, and Avionics III* (Proceedings of SPIE, Bd. 7327, S. 1–11). Bellingham, USA: SPIE.

Dodgson, N. A. (2004). Variation and Extrema of Human Interpupillary Distance. In M. T. Bolas, A. J. Woods, J. O. Merritt & S. A. Benton (Hrsg.), *Stereoscopic Displays and Virtual Reality Systems XI* (Proceedings SPIE, Bd. 5291, S. 36–46). Bellingham, USA: SPIE.

Donges, E. (1982). Aspekte der Aktiven Sicherheit bei der Führung von Personenkraftwagen. *Automobil-Industrie* (82-02), 183–190.

Donges, E. (2012). Fahrerverhaltensmodelle. In H. Winner, S. Hakuli & G. Wolf (Hrsg.), *Handbuch Fahrerassistenzsysteme. Grundlagen, Komponenten und Systeme für aktive Sicherheit und Komfort* (ATZ-MTZ-Fachbuch, 2. Auflage, S. 15–23). Wiesbaden: Vieweg+Teubner Verlag.

Döring, N. & Bortz, J. (2016). *Forschungsmethoden und Evaluation in den Sozial- und Humanwissenschaften. Für Human- und Sozialwissenschaftler* (Springer-Lehrbuch, 3. Auflage). Berlin, Heidelberg: Springer Berlin Heidelberg.

Draeger, J. (2009). Visuelle Ergonomie im Cockpit. Die Bedeutung der Instrumenteerkennbarkeit für die Flugsicherheit. *Der Ophthalmologe : Zeitschrift der Deutschen Ophthalmologischen Gesellschaft, 106* (4), 370–373.

Eigel, T. (2010). *Integrierte Längs- und Querführung von Personenkraftwagen mittels Sliding-Mode-Regelung.* Dissertation. Berlin: Logos Verlag Berlin GmbH.

Engström, J., Monk, C. A., Hanowski, R. J., Horrey, W. J., Lee, J. D., McGehee, D. V. et al. (2013). *A Conceptual Framework and Taxonomy for Understanding and Categorizing Driver Inattention*. Brüssel, Belgien: Europäische Kommission.

Enke, K. (1979, Juni). *Möglichkeiten zur Verbesserung der aktiven Sicherheit innerhalb des Regelkreises Fahrer- Fahrzeug-Umgebung*. 7. Tagung über Sicherheitsfahrzeuge, Paris, Frankreich.

DIN EN ISO, 26800:2011 (2011). *Ergonomie – Genereller Ansatz, Prinzipien und Konzepte*. Berlin: Beuth Verlag GmbH.

Europäische Kommission. (2008). *Empfehlung der Kommision vom 26. Mai 2008 über sichere und effiziente bordeigene Informations- und Kommunikationssysteme: Neufassung des Europäischen Grundsatzkatalogs zur Mensch-Maschine-Schnittstelle* (Europäische Kommission, Hrsg.) (2008/653/EG). Brüssel, Belgien: Europäische Union. Zugriff am 25.10.2017. Verfügbar unter http://eur-lex.europa.eu/legal-content/DE/TXT/PDF/?uri=CELEX:32008H0653&from=en

Färber, B. (2005). Erhöhter Fahrernutzen durch Integration von Fahrerassistenz- und Fahrerinformationssystemen. In M. Maurer & C. Stiller (Hrsg.), *Fahrerassistenzsysteme mit maschineller Wahrnehmung* (S. 141-160). Berlin: Springer.

Färber, B. & Färber, B. (2003). *Auswirkungen neuer Informationstechnologien auf das Fahrerverhalten* (Mensch und Sicherheit, Bd. 149): Wirtschaftsverlag NW, Verlag für neue Wissenschaft GmbH.

Fernandes, A. S. & Feiner, S. K. (2016). Combating VR Sickness Through Subtle Dynamic Field-of-View Modification. In B. H. Thomas, R. Lindeman & M. Marchal (Hrsg.), *Proceedings* (S. 201–210).

Field, A. P. (2009). *Discovering Statistics Using SPSS. (and sex and drugs and rock n' roll)* (3rd ed.). London, UK: SAGE.

Fricke, N. (2009). *Gestaltung zeit- und sicherheitskritischer Warnungen im Fahrzeug*. Dissertation, Technische Universität Berlin. Berlin.

Fricke, T. R. & Siderov, J. (1997). Stereopsis, stereotests, and their relation to vision screening and clinical practice. *Clinical and Experimental Optometry, 80* (5), 165–172.

Fuller, R. (2000). The Task-Capability Interface Model of the Driving Process. *Recherche – Transports – Sécurité, 66,* 47–57.

Gasser, T. M. (2012). *Rechtsfolgen zunehmender Fahrzeugautomatisierung* (Berichte der Bundesanstalt für Strassenwesen: F, Fahrzeugtechnik, Bd. 83). Bremerhaven: Wirtschaftsverlag NW.

Gasser, T. M., Seeck, A. & Smith, B. W. (2015). Rahmenbedingungen für die Fahrerassistenzentwicklung. In H. Winner, S. Hakuli, F. Lotz & C. Singer (Hrsg.), *Handbuch Fahrerassistenzsysteme. Grundlagen, Komponenten und Systeme für aktive Sicherheit und Komfort* (ATZ/MTZ-Fachbuch, 3. Auflage, S. 27–54). Springer Vieweg.

Geiser, A. (1994). *Ergonomische Grundlagen für das Raumsehen mit 3D Anzeigen*. Dissertation, Eidgenössische Hochschule Zürich. Zürich, Schweiz.

Geisler, S. (2018a). Menschliche Aspekte bei der Entwicklung von Fahrerassistenzsystemen. In C. Reuter (Hrsg.), *Sicherheitskritische Mensch-Computer-Interaktion* (S. 337–356). Wiesbaden: Springer Fachmedien Wiesbaden.

Geisler, S. (2018b). Von Fahrerinformation über Fahrerassistenz zum autonomen Fahren. In C. Reuter (Hrsg.), *Sicherheitskritische Mensch-Computer-Interaktion* (S. 357–376). Wiesbaden: Springer Fachmedien Wiesbaden.

Geyer, S. (2013). *Entwicklung und Evaluierung eines kooperativen Interkationskonzepts an Entschiedungspunkten für die teilautomatisierte, manöverbasierte Fahrzeugführung* (Fahrzeugtechnik TU Darmstadt). Düsseldorf: VDI Verlag GmbH.

Girden, E. R. (1992). *ANOVA. Repeated Measures* (Sage university papers, Quantitative applications in the social sciences, Bd. 84). Thousand Oaks, USA: SAGE Publications, Inc.

Glaze, M. A. & Ellis, J. M. (2003). *Pilot Study of Distracted Drivers.* Richmond, USA: Transportation and Safety Trainig Center – Center for Public Policy.

Goersch, H. (1980). Die Grundlage der Stereopsis. *NOJ* (11), 17–23.

Goldstein, E. B. (2010). *Sensation and Perception* (8th ed.). Belmont, CA: Wadsworth Cengage Learning.

Goldstein, E. B. (Hrsg.). (2015). *Wahrnehmungspsychologie. Der Grundkurs* (Springer Lehrbuch, 9. Auflage). Berlin: Springer.

Gordon, C. (2007). Driver Distraction Related Crashes in New Zealand. In I. J. Faulks, M. A. Regan, M. Stevenson, J. Brown, A. Porter & J. D. Irwin (Hrsg.), *Distracted driving* (S. 229–328). Sydney, Australien.

Gräf, M. & Lorenz, B. (2015). Strabismus. *Monatsschrift Kinderheilkunde, 163* (3), 230–240.

Green, P. (2009). Driver Interface Safety and Usability Standards: An Overview. In M. A. Regan, J. D. Lee & K. L. Young (Hrsg.), *Driver Distraction. Theory, Effects, and mitigation* (S. 445–461). Boca Ratón, USA: CRC Press.

Grimm, P., Herold, R., Reiners, D. & Cruz-Neira, C. (2013). VR-Ausgabegeräte. In R. Dörner, W. Broll, P. Grimm & B. Jung (Hrsg.), *Virtual und Augmented Reality (VR / AR)* (S. 127–156). Berlin, Heidelberg: Springer Berlin Heidelberg.

Gründl, M. (2005). *Fehler und Fehlverhalten als Ursache von Verkehrsunfällen und Konsequenzen für das Unfallvermeidungspotenzial und die Gestaltung von Fahrerassistenzsystemen.* Dissertation, Universität Regensburg. Regensburg. Zugriff am 15.10.2017. Verfügbar unter https://epub.uni-regensburg.de/10345/1/diss_gruendl.pdf

Hada, H. (1994). *Drivers' Visual Attention to In-Vehicle Displays: Effects of Display Location and Road Types* (Technical Report UMTRI 94-9). McLean, USA: Mitsubishie Motors Corporation.

Hagendorf, H., Krummenacher, J., Müller, H. J. & Schubert, T. (2011). *Wahrnehmung und Aufmerksamkeit* (Springer-Lehrbuch, 1. Auflage). Berlin: Springer.

Hannawald, L. (2013, März). *Das Unfallgeschehen in Deutschland und Situationen unsicheren Fahrens.* 6. Darmstädter Kolloquium "Maßstäbe des sicheren Fahrens", Darmstadt.

Hart, S. G. & Staveland, L. E. (1988). Development of NASA-TLX (Task Load Index): Results of Empirical and Theoretical Research. *Advances in Psychology, 52,* 139–183.

Hasedžić, E. & Skrypchuk, L. (2014). Jaguar Land Rover Ltd. (Anmelder), US20160202891A1. USA.

Heino, A., van der Molen, H. H. & Wilde, G. J. S. (1996). Differences in Risk Experience between Sensation Avoiders and Sensation Seekers. *Personality and Individual Differences, 20* (1), 71–79.

Hill, L. & Jacobs, A. (2006). 3-D Liquid Crystal Displays and Their Applications. *Proceeding of the IEEE, 94* (3), 575–590.

Hills, B. L. (1980). Vision, Visibility, and Perception in Driving. *Perception, 9* (2), 183–216.

Hohm, A. (2010). *Umfeldklassifikation und Identifikation von Überholzielen für ein Über-holassistenzsystem* (Fortschrittberichte VDI / 12, Bd. 727). Düsseldorf: VDI Verlag GmbH.

Holliman, N. S., Dodgson, N. A., Favalora, G. E. & Pockett, L. (2011). Three-Dimensional Displays: A Review and Applications Analysis. *IEEE Transactions on Broadcasting, 57* (2), 362–371.

Hopf, K., Buhrig, D., Ahlberg, S. & Breuninger, T. (2015). *3D-Gesteninteraktion und Fusion von 3D-Bildern. Meilenstein 2: Wahrnehmungspsychologische Grundlagen für 3D-Bilder.* Zugriff am 08.10.2017. Verfügbar unter https://gestfus.files.wordpress.com/2015/05/ges tfus-m2-wahrnehmungspschychologische-grundlagen-fuer-3d-bilder4.pdf

Horswill, M. S. (2016). Hazard Perception in Driving. *Current Directions in Psychological Science, 25* (6), 425–430.

Horswill, M. S., Marrington, S. A., McCullough, C. M., Wood, J., Pachana, N. A., McWilliam, J. et al. (2008). The Hazard Perception Ability of Older Drivers. *The Journals of Gerontology Series B: Psychological Sciences and Social Sciences, 63* (4), 212–218.

Howarth, P. A. (2011). Potential Hazards of Viewing 3-D Stereoscopic Television, Cinema and Computer Games: a Review. *Ophthalmic & physiological optics : the journal of the British College of Ophthalmic Opticians (Optometrists), 31* (2), 111–122.

Hoyle, R. H., Stephenson, M. T., Palmgreen, P., Lorch, E. P. & Donohew, R. L. (2002). Reliability and Validity of a Brief Measure of Sensation Seeking. *Personality and Individual Differences, 32* (3), 401–414.

Huemer, A. K. & Vollrath, M. (2012). *Ablenkung durch fahrfremde Tätigkeiten – Machbar-keitsstudie. Bericht zum Forschungsprojekt FE 82.376/2009* (Berichte der Bundesanstalt für Straßenwesen M, Mensch und Sicherheit, Bd. 225). Bremerhaven: Wirtschaftsverlag NW, Verlag für neue Wissenschaft GmbH.

Hummel, T., Kühn, M., Bende, J. & Lang, A. (2011). *Fahrerassistenzsysteme. Ermittlung des Sicherheitspotenzials auf Basis des Schadengeschehens der deutschen Versicherer* (Forschungsbericht / Gesamtverband der Deutschen Versicherungswirtschaft e.V., FS 03). Berlin: GDV.

Ijsselsteijn, W. A., Seuntiens, P. J. H. & Meesters, L. M. J. (2005). Human Factors of 3D Displays. In O. Schreer, P. Kauff & T. Sikora (Hrsg.), *3D Videocommunication. Algorithms, Concepts, and Real-time Systems in Human Centred Communication* (S. 217–233). Chichester, UK: John Wiley & Sons, Ltd.

Jentsch, M. (2014). *Eignung von objektiven und subjektiven Daten im Fahrsimulator am Beispiel der Aktiven Gefahrenbremsung – eine vergleichende Untersuchung* (1. Auflage). Dissertation. Chemnitz: Universitätsverlag der TU Chemnitz.

Jentsch, M. & Bullinger, A. C. (2012). Beurteilung von Eingriffen einer Aktiven Gefahrenbremsung in Real- und Simulatorversuchen. In *Tagungsband Innovation and Value Creation* (S. 197–202).

Johansson, E., Engström, J., Cherri, C., Nodari, E., Tofetti, A., Schindhelm, R. et al. (2004). *Review of Existing Techniques and Metrics for IVIS and ADAS Assessment. Evaluation and Assessment Methodology.* Deliverable 2.2.1 (Project deliverables). : aide – adaptive integrated driver-vehicle interface. Zugriff am 14.10.2017. Verfügbar unter http://www.aide-eu.org/pdf/sp2_deliv_new/aide_d2_2_1.pdf

Johnson, M. B., Voas, R. B., Lacey, J. H., McKnight, A. S. & Lange, J. E. (2004). Living Dangerously: Driver Distraction at High Speed. *Traffic Injury Prevention, 5* (1), 1–7.

Jones, G. R., Lee, D., Holliman, N. S. & Ezra, D. (2001). Controlling Perceived Depth in Stereoscopic Images. In M. T. Bolas, A. J. Woods, J. O. Merritt & S. A. Benton (Hrsg.), *Stereoscopic Displays and Virtual Reality Systems VIII* (Proceedings SPIE, Bd. 4297, S. 42–53). Bellingham, USA: SPIE.

Julesz, B. (1960). Binocular Depth Perception of Computer-Generated Patterns. *Bell System Technical Journal, 39* (5), 1125–1162.

Kahneman, D. (1973). *Attention and effort* (Prentice-Hall series in experimental psychology). Englewood Cliffs, N.J.: Prentice-Hall.

Kahneman, D. & Beatty, J. (1966). Pupil Diameter and Load on Memory. *Science, 154* (3756), 1583–1585.

Kahneman, D., Beatty, J. & Pollack, I. (1967). Perceptual Deficit during a Mental Task. *Science, 157* (3785), 218–219.

Karnath, H.-O. (2012). *Kognitive Neurowissenschaften* (Springer-Lehrbuch, 3., aktual. u. erw. Aufl.). Berlin: Springer.

Knoll, P. (2015). Anzeigen für Fahrerassistenzsysteme. In H. Winner, S. Hakuli, F. Lotz & C. Singer (Hrsg.), *Handbuch Fahrerassistenzsysteme. Grundlagen, Komponenten und Systeme für aktive Sicherheit und Komfort* (ATZ/MTZ-Fachbuch, 3. Auflage, S. 659–673). Springer Vieweg.

Kolasinski, E. M. (1995). *Simulator Sickness in Virtual Environments* (ARI Technical Report Nr. 1027). Alexandria, USA: United States Army research Institute for the Behavioral and Social Sciences.

König, W. (2015). Nutzergerechte Entwicklung der Mensch-Maschine- Interaktion von Fahrerassistenzsystemen. In H. Winner, S. Hakuli, F. Lotz & C. Singer (Hrsg.), *Handbuch Fahrerassistenzsysteme. Grundlagen, Komponenten und Systeme für aktive Sicherheit und Komfort* (ATZ/MTZ-Fachbuch, 3. Auflage, S. 621–632). Springer Vieweg.

Kooi, F. L. & Toet, A. (2004). Visual Comfort of Binocular and 3D Displays. *Displays, 25* (2-3), 99–108.

Koornstra, M. J. (1993). Safety Relevance of Vision Research and Theory. In A. G. Gale (Hrsg.), *Vision in Vehicles IV. Proceedings of the Fourth International Conference on Vision in Vehicles* (Vision in vehicles, Bd. 4, S. 3–13). Amsterdam, Holland: North-Holland.

Krause, M., Donant, N. & Bengler, K. (2015). Comparing Occlusion Method by Display Blanking to Occlusion Goggles. *Procedia Manufacturing, 3,* 2650–2657.

Kühn, M. & Hannawald, L. (2015). Verkehrssicherheit und Potenziale von Fahrerassistenzsystemen. In H. Winner, S. Hakuli, F. Lotz & C. Singer (Hrsg.), *Handbuch Fahrerassistenzsysteme. Grundlagen, Komponenten und Systeme für aktive Sicherheit und Komfort* (ATZ/MTZ-Fachbuch, 3. Auflage, S. 55–70). Springer Vieweg.

Kyriakidis, M., van de Weijer, C., van Arem, B. & Happee, R. (2015). The Deployment of Advanced Driver Assistance Systems in Europe. *SSRN Electronic Journal.*

Lacherez, P., Au, S. & Wood, J. M. (2014). Visual Motion Perception Predicts Driving Hazard Perception Ability. *Acta ophthalmologica, 92* (1), 88–93.

Lagrèze, W. A. (2016). Amblyopie. *Der Ophthalmologe : Zeitschrift der Deutschen Ophthalmologischen Gesellschaft, 113* (4), 280–282.

Lambooij, M., Ijsselsteijn, W. A., Fortuin, M. & Heynderickx, I. (2009). Visual Discomfort and Visual Fatigue of Stereoscopic Displays: A Review. *Journal of Imaging Science and Technology, 53* (3), 1–14.

Lang, F. & Lang, P. (2007). *Basiswissen Physiologie* (Springer-Lehrbuch, 2. Aufl.). Berlin, Heidelberg: Springer Medizin Verlag Heidelberg.

Lang, J. (1982). *Mikrostrabismus. Die Bedeutung der Mikrotropie für die Amblyopie, für die Pathogenese des grossen Schielwinkels und für die Heredität des Strabismus* (Bücherei des Augenarztes, Heft 62, 2. Auflage). Stuttgart: Enke.

Langer, I., Abendroth, B. & Bruder, R. (2015). Fahrerzustandserkennung. In H. Winner, S. Hakuli, F. Lotz & C. Singer (Hrsg.), *Handbuch Fahrerassistenzsysteme. Grundlagen, Komponenten und Systeme für aktive Sicherheit und Komfort* (ATZ/MTZ-Fachbuch, 3. Auflage, S. 687–699). Springer Vieweg.

Lansdown, T. C. (1996). *Visual demand and the introduction of advanced driver information systems into road vehicles.* Dissertation, Loughborough University. Loughborough, UK.

Laugwitz, B., Schrepp, M. & Held, T. (2006). Konstruktion eines Fragebogens zur Messung der User Experience von Softwareprodukten. *Mensch und Computer 2006: Mensch und Computer im Strukturwandel,* 125-134.

LaViola, J. J. (2000). A Discussion of Cybersickness in Virtual Environments. *ACM SIGCHI Bulletin, 32* (1), 47–56.

Lee, J. D. (2008). Fifty Years of Driving Safety Research. *Human factors, 50* (3), 521–528.

Levi, D. M., Knill, D. C. & Bavelier, D. (2015). Stereopsis and amblyopia: A mini-review. *Vision research, 114,* 17–30.

Liebner, M. & Klanner, F. (2015). Fahrerabsichtserkennung und Risikobewertung. In H. Winner, S. Hakuli, F. Lotz & C. Singer (Hrsg.), *Handbuch Fahrerassistenzsysteme. Grundlagen, Komponenten und Systeme für aktive Sicherheit und Komfort* (ATZ/MTZ-Fachbuch, 3. Auflage, S. 701–719). Springer Vieweg.

LTCCS. (2005). *Report to Congress on the Large Truck Crash Causation Study* (U.S. Department of Transportation, Hrsg.). Springfield, USA: Federal Motor Carrier Safety Administration.

Mangione, C. M., Lee, P. P., Gutierrez, P. R., Spritzer, K., Berry, S. & Hays, R. D. (2001). Development of the 25-Item National Eye Institute Visual Function Questionnaire (VFQ-25). *Archives of Ophthalmology, 119,* 1050–1058.

Marr, D. (2010). *Vision. A Computational Investigation into the Human Representation and Processing of Visual Information.* Cambridge, USA: MIT Press.

Martinez Escobar, M., Junke, B., Holub, J., Hisley, K., Eliot, D. & Winer, E. (2015). Evaluation of Monoscopic and Stereoscopic Displays for Visual-Spatial Tasks in Medical Contexts. *Computers in biology and medicine, 61,* 138–143.

Mattes, S. (2003). The Lane-Change-Task as a Tool for Driver Distraction Evaluation. In H. Strasser (Hrsg.), *Quality of Work and Products in Enterprises of the Future. Qualität von Arbeit und Produkt im Unternehmen der Zukunft* (S. 57–60). Stuttgart: Ergonomia Verlag oHG.

Mattes, S. & Hallén, A. (2009). Surrogate Distraction Measurement Techniques: The Lane Change Test. In M. A. Regan, J. D. Lee & K. L. Young (Hrsg.), *Driver Distraction. Theory, Effects, and mitigation* (S. 107–122). Boca Ratón, USA: CRC Press.

Maurer, M. (2012). Entwurf und Test von Fahrerassistenzsystemen. In H. Winner, S. Hakuli & G. Wolf (Hrsg.), *Handbuch Fahrerassistenzsysteme. Grundlagen, Komponenten und Systeme für aktive Sicherheit und Komfort* (ATZ-MTZ-Fachbuch, 2. Auflage, S. 43–54). Wiesbaden: Vieweg+Teubner Verlag.

McIntire, J. P., Havig, P. R. & Geiselman, E. E. (2014). Stereoscopic 3D Displays and Human Performance: A Comprehensive Review. *Displays, 35* (1), 18–26.

McIntire, J. P., Havig, P. R. & Pinkus, A. R. (2015). A Guide for Human Factors Research with Stereoscopic 3D Displays. In D. D. Desjardins, K. R. Sarma, P. L. Marasco & P. R. Havig (Hrsg.), *Display Technologies and Applications for Defense, Security, and Avionics IX; and Head- and Helmet-Mounted Displays XX* (Proceedings SPIE, Bd. 9470, S. 1–12). Bellingham, USA: SPIE.

McKee, S. P. & Taylor, D. G. (2010). The Precision of Binocular and Monocular Depth Judgments in Natural Settings. *Journal of vision, 10* (10), 1-13.

McKnight, A. J. & McKnight, A. S. (1999). Multivariate Analysis of Age-Related Driver Ability and Performance Deficits. *Accident Analysis & Prevention, 31* (5), 445–454.

Meesters, L. M. J., Ijsselsteijn, W. A. & Seunties, P. J. H. (2004). A Survey of Perceptual Evaluations and Requirements of Three-Dimensional TV. *IEEE Transactions on Circuits and Systems for Video Technology, 14* (3), 381–391.

Mehrabi, M., Peek, E. M., Wünsche, B. C. & Lutteroth, C. (2013). Making 3D Work: A Classification of Visual Depth Cues, 3D Display Technologies and Their Applications. In R. T. Smith & B. C. Wünsche (Hrsg.), *Proceedings of the Fourteenth Australasian User Interface Conference* (S. 91–100).

Metz, B. (2009). *Worauf achtet der Fahrer? Steuerung der Aufmerksamkeit beim Fahren mit visuellen Nebenaufgaben.* Dissertation, Julius-Maximilians-Universität Würzburg. Würzburg.

Mikkola, M., Boev, A. & Gotchev, A. (2010). Relative Importance of Depth Cues on Portable Autostereoscopic Display. In *Proceedings of the 3rd Workshop on Mobile Video Delivery* (ACM Digital Library, S. 63–68). New York, USA: ACM.

Müller, H. J., Krummenacher, J. & Schubert, T. (2015). *Aufmerksamkeit und Handlungssteuerung.* Berlin, Heidelberg: Springer Berlin Heidelberg.

Murata, A., Uetake, A., Otsuka, M. & Takasawa, Y. (2001). Proposal of an Index to Evaluate Visual Fatigue Induced During Visual Display Terminal Tasks. *International Journal of Human-Computer Interaction, 13* (3), 305–321.

Myers, D. G. (2014). *Psychologie* (Springer-Lehrbuch, 3. Aufl.). Berlin, Heidelberg: Springer Medizin Verlag Heidelberg; Springer.

Nagata, S. (1989). How to Reinforce Perception of Depth in Single Two-Dimensional Pictures. In S. R. Ellis, M. K. Kaiser & A. J. Grunwald (Hrsg.), *Spatial Displays and Spatial Instruments* (20-1–20-18).

Nagayama, Y. (1978). Role of Visual Perception in Driving. *International Association of Traffic and Safety Sciences Research* (2), 64–73.

Nakayama, K., Shimojo, S. & Silverman, G. H. (1989). Stereoscopic Depth: its Relation to Image Segmentation, Grouping, and the Recognition of Occluded Objects. *Perception, 18* (1), 55–68.

NEI. (2000). *The National Eye Institute 25-Item Visual Function Questionnaire (VFQ-25) Manual. Version 2000* (RAND Corporation, Hrsg.). Bethesda, USA: National Eye Institute.

NHTSA. (2010a). *Overview of the National Highway Traffic Safety Administration's Driver Distraction Program.* Washington, USA: National Highway Traffic Safety Administration.

NHTSA. (2010b). *Visual-Manual NHTSA Driver Distraction Guidelines for In-Vehicle Electronic Devices.* Washington, USA: National Highway Traffic Safety Administration.

Ntuen, C. A., Goings, M., Reddin, M. & Holmes, K. (2009). Comparison between 2-D & 3-D using an Autostereoscopic Display: The Effects of Viewing Field and Illumination on Performance and Visual Fatigue. *International Journal of Industrial Ergonomics, 39* (2), 388–395.

O'Donnell, R. D. & Eggemeier, F. T. (1986). Workload Assessment Methodology. *Handbook of Perception and Human Performance* (Volume 2), 42-1–42-49.

Osswald, K. & Nüßgens, Z. (2002). Strabismus und Amblyopie. *Monatsschrift Kinderheilkunde, 150* (3), 267–272.

Östlund, J., Peters, B., Thorslund, B., Engström, J., Markulla, G., Keinath A. et al. (2004). *Driving Performance Assessment – Methods and Metrics. Evaluation and Assessment Methodology*. Deliverable 2.2.5 (Project deliverables). : aide – adaptive integrated driver-vehicle interface. Zugriff am 14.10.2017. Verfügbar unter http://www.aide-eu.org/pdf/sp2_deliv_new/aide_d2_2_5.pdf

Oswald, W. D. & Roth, E. (1987). *Der Zahlen-Verbindungs-Test. Ein sprachfreier Intelligenz-Test zur Messung der „kognitiven Leistungsgeschwindigkeit" – Handanweisung* (2. Auflage). Göttingen: Verlag für Psychologie.

Pashler, H. (1994). Dual-Task Interference in Simple Tasks: Data and Theory. *Psychological Bulletin, 116* (2), 220–244.

Pastoor, S. (1993). Human Factors of 3D Displays in Advanced Image Communications. *Displays, 14* (3), 150–157.

Patterson, R. & Fox, R. (1984). The Effect of Testing Method on Stereoanomaly. *Vision research, 24* (5), 403–408.

Pauzié, A. (2008). A Method to Assess the Driver Mental Workload: The Driving Activity Load Index (DALI). *IET Intelligent Transport Systems, 2* (4), 315.

Pauzié, A. & Pachiaudi, G. (1996). Subjective Evaluation of the Mental Workload in the Driving Context. In I. Rothengatter & E. Carbonell (Hrsg.), *Proceedings of the International Conference on Traffic and Transport Psychology* (S. 1–10). Amsterdam, Holland: Elsevier.

Pickering, M. R. (2014). Stereoscopic and Multi-View Video Coding. In R. Chellappa, S. Theodoridis, M. Wu & D. R. Bull (Hrsg.), *Image and Video Compression and Multimedia* (Academic Press library in signal processing, volume 5, Bd. 5, S. 119–153). Amsterdam: Elsevier; Academic Press.

Pischinger, S. & Seiffert, U. (Hrsg.). (2016). *Vieweg Handbuch Kraftfahrzeugtechnik* (ATZ/MTZ-Fachbuch, 8. Auflage). Wiesbaden: Springer Vieweg.

Pitts, M. J., Hasedžić, E., Skrypchuk, L., Attridge, A. & Williams, M.(21.-23.04.2015). *Adding Depth: Establishing 3D Display Fundamentals for Automotive Applications. SAE Technical Paper 2015-01-0147*. Vortrag anlässlich SAE 2015 World Congress, Detroit, USA.

Poco, J., Etemadpour, R., Paulovich, F. V., Long, T. V., Rosenthal, P., Oliveira, M. C. F. et al. (2011). A Framework for Exploring Multidimensional Data with 3D Projections. *Computer Graphics Forum, 30* (3), 1111–1120.

Posner, M. I., Nissen, M. J. & Klein, R. M. (1976). Visual dominance: An information-processing account of its origins and significance. *Psychological Review, 83* (2), 157–171.

Ramachandran, V. S. (1988). Perception of Shape from Shading. *Nature, 331* (6152), 163–166.

Rassl, R. (2004). *Ablenkungswirkung tertiärer Aufgaben im Pkw. Systemergonomische Analyse und Prognose*. Dissertation, Technische Universität München. München.

Read, J. C. A. (2015). What is Stereoscopic Vision Good For? In N. S. Holliman, A. J. Woods, G. E. Favalora & T. Kawai (Hrsg.), *Stereoscopic Displays and Applications XXVI* (Proceedings SPIE, Bd. 9391, S. 1–13). Bellingham, USA: SPIE.

Regan, M. A., Hallett, C. & Gordon, C. P. (2011). Driver distraction and driver inattention: definition, relationship and taxonomy. *Accident Analysis & Prevention, 43* (5), 1771–1781.

Regan, M. A., Lee, J. D. & Young, K. L. (Hrsg.). (2009). *Driver Distraction. Theory, Effects, and mitigation.* Boca Ratón, USA: CRC Press.

Regan, M. A. & Strayer, D. L. (2014). Towards an Understanding of Driver Inattention: Taxonomy and Theory. *Annals of Advances in Automotive Medicine, 58,* 5–14.

Rimini-Döring, M., Keinath A., Nodari, E., Palma, F., Toffetti, A., Floudas, N. et al. (2004). *Considerations on Test Scenarios. Evaluation and Assessment Methodology.* Deliverable 2.1.3 (Project deliverables). : aide – adaptive integrated driver-vehicle interface. Zugriff am 14.10.2017. Verfügbar unter http://www.aide-eu.org/pdf/sp2_deliv_new/aide_d2_1_3.pdf

Rockwell, T. H., Bhise, V. D. & Nemeth, Z. A. (1973). *Development of a Computer Based Tool for Evaluating Visual Field Requirements of Vehicles in Merging and Intersection Situations* (Vehicle Research Institute Report Nr. 3306). New York, USA: Society of Automotive Engineers Inc.

Roßner, P., Dettmann, A., Jentsch, M. & Bullinger, A. C. (2013). Visuelle Fahrerassistenz im Head-up-Display – Ein besonderer Sicherheitsgewinn für ältere Fahrzeugführer? In *Der Fahrer im 21. Jahrhundert. Fahrer, Fahrerunterstützung und Bedienbarkeit* (VDI-Berichte, Bd. 2205, S. 175–188). Düsseldorf: VDI Verlag GmbH.

Roßner, P., Schubert, D. & Dittrich, F. (2017). Nutzerzentrierte Gestaltung adaptiver Tachometer zur Unterstützung der Fahrer-Fahrzeug-Interaktion. In Gesellschaft für Arbeitswissenschaft (Hrsg.), *Fokus Mensch im Maschinen- und Fahrzeugbau 4.0. Herbstkonferenz der Gesellschaft für Arbeitswissenschaft: Institut für Betriebswissenschaften und Fabriksysteme/TU Chemnitz, ICM – Institut Chemnitzer Maschinen- und Anlagenbau e.V., 28. und 29 September 2017* (S. 1–6). Dortmund: GfA-Press.

Rudin-Brown, C. M., Edquist, J. & Lenné, M. G. (2014). Effects of driving experience and sensation-seeking on drivers' adaptation to road environment complexity. *Safety Science, 62,* 121–129.

Sandbrink, J., Rhede, J., Vollrath, M. & Flehmer, F. (2017). 3D-Displays – Das ungenutzte Potential? Die Wahrnehmung von stereoskopischen Informationen im Fahrzeug. In *Der Fahrer im 21. Jahrhundert. Der Mensch im Fokus technischer Innovationen* (VDI-Berichte, Bd. 2311, S. 153–164). Düsseldorf: VDI Verlag GmbH.

Sando, T., Tory, M. & Irani, P. (2009). Effects of Animation, User-Controlled Interactions, and Multiple Static Views in Understanding 3D Structures. In S. N. Spencer, B. Bodenheimer & C. O'Sullivan (Hrsg.), *Proceedings APGV '09* (S. 69–76). New York, USA: ACM Press.

Sassi, A., Pöyhönen, P., Jakonen, S., Suomi, S., Capin, T. & Häkkinen, J. (2014). Enhanced User Performance in an Image Gallery Application with a Mobile Autostereoscopic Touch Display. *Displays, 35* (3), 152–158.

Sayer, J. R., Devonshire, J. M. & Flannagan, C. A. (2005). *The Effects of Secondary Tasks on Naturalistic Driving Performance* (Nr. 29). Ann Arbor, USA: The University of Michigan Transportation Research Institute.

Schmidtke, H. (Hrsg.). (1993). *Ergonomie* (3. Auflage). München: Carl Hanser Verlag.

Schrepp, M. (2017). *User Experience Questionnaire Handbook. All you need to know to apply the UEQ successfully in your projects.* Zugriff am 26.11.2017. Verfügbar unter http://www. ueq-online.org/#pkg_1367

SeeFront. (2017). *Datenblatt des SeeFront SF3D-133CR. Version 0.97/2017-03.* Hamburg: SeeFront GmbH. Zugriff am 23.11.2017. Verfügbar unter http://www.seefront.com/filead min/content/downloads/SF3D-133CR_0.97.pdf

SensoMotoric Instruments. (2016). *BeGaze Manual. Version 3.7.*

Seppelt, B. D., Seaman, S., Lee, J., Angell, L. S., Mehler, B. & Reimer, B. (2017). Glass half-full: On-Road Glance Metrics Differentiate Crashes from Near-Crashes in the 100-Car Data. *Accident Analysis & Prevention, 107,* 48–62.

Shahar, A., Alberti, C. F., Clarke, D. & Crundall, D. (2010). Hazard Perception as a Function of Target Location and the Field of View. *Accident; analysis and prevention, 42* (6), 1577–1584.

Shibata, T., Kim, J., Hoffman, D. M. & Banks, M. S. (2011). The Zone of Comfort: Predicting Visual Discomfort with Stereo Displays. *Journal of vision, 11* (8), 1–29.

Shinar, D. (2007). *Traffic safety and human behavior* (1. Aufl.). Oxford: Emerald.

DIN EN, 894-2:2009-02 (2009). *Sicherheit von Maschinen – Ergonomische Anforderungen an die Gestaltung von Anzeigen und Stellteilen – Teil 2: Anzeigen.* Berlin: Beuth Verlag GmbH.

Simon, K. R. (2018). *Erfassung des subjektiven Erlebens jüngerer und älterer Autofahrer zur Ableitung von Unterstützungsbedürfnissen im Fahralltag.* Dissertation, Technische Universität Chemnitz. Chemnitz.

Sivak, M. (1996). The Information that Drivers Use: is it Indeed 90% Visual? *Perception, 25* (9), 1081–1089.

Solso, R. L. (2005). *Kognitive Psychologie.* Heidelberg: Springer Medizin Verlag.

Spicer, R., Vahabaghaie, A., Bahouth, G., Drees, L., Martinez von Bülow, R. & Baur, P. (2018). Field Effectiveness Evaluation of Advanced Driver Assistance Systems. *Traffic Injury Prevention,* 1–5.

Städtler, T. (1998). *Lexikon der Psychologie. Wörterbuch : Handbuch : Studienbuch* (Kröners Taschenausgabe, Band 357). Stuttgart: Alfred Kröner Verlag.

Statistik Austria. (2017). *Straßenverkehrsunfälle. Jahresergebnisse 2016.* Wien, Österreich: Bundesanstalt Statistik Österreich.

Stevens, A. (2009). European Approaches to Principles, Codes, Guidelines, and Checklists for In-Vehicle HMI. In M. A. Regan, J. D. Lee & K. L. Young (Hrsg.), *Driver Distraction. Theory, Effects, and mitigation* (S. 395–410). Boca Ratón, USA: CRC Press.

Stevens, A. & Minton, R. (2001). In-Vehicle Distraction and Fatal Accidents in England and Wales. *Accident Analysis & Prevention, 33* (4), 539–545.

ISO, 26022:2010 (2010). *Straßenfahrzeuge – Ergonomische Aspekte über Transportinforma-tionen und Regelsysteme – Simulierter Spurwechseltest zur Generierung fahrzeuginterner sekundärer Aufgaben.* Berlin: Beuth Verlag GmbH.

DIN EN ISO, 15007-1:2014 (2014). *Straßenfahrzeuge – Messung des Blickverhaltens von Fahrern bei Fahrzeugen mit Fahrerinformations- und -assistenzsystemen – Teil 1: Begriffe und Parameter.* Berlin: Beuth Verlag GmbH.

Strayer, D. L. & Johnston, W. A. (2001). Driven to Distraction: Dual-Task Studies of Simulated Driving and Conversing on a Cellular Telephone. *Psychological Science, 12* (6), 462–466.

Stutts, J. C. & Hunter, W. W. (2003). Driver Inattention, Driver Distraction and Traffic Crashes. *ITE Journal, 73* (7), 34–45.

Stutts, J. C., Reinfurt, D. W., Staplin, L. & Rodgman, E. A. (2001). *The Role of Driver Distraction in Traffic Chrashes.* Washington, USA: AAA Foundation for Traffic Safety.

Szczerba, J. & Hersberger, R. (2014). The Use of Stereoscopic Depth in an Automotive Instrument Display. *Proceedings of the Human Factors and Ergonomics Society Annual Meeting, 58* (1), 1184–1188.

Tam, W. J. & Stelmach, L. B. (1998). Display Duration and Stereoscopic Depth Discrimination. *Canadian Journal of Experimental Psychology/Revue canadienne de psychologie expérimentale, 52* (1), 56–61.

SAE, J3016 (201609). *Taxonomy and Definitions for Terms Related to Driving Automation Systems for On-Road Motor Vehicles.*

Tönnis, M. (2010). *Augmented Reality. Einblicke in die erweiterte Realität.* Heidelberg: Springer Verlag.

Tory, M. & Möller, T. (2004). Human Factors in Visualization Research. *IEEE transactions on visualization and computer graphics, 10* (1), 72–84.

Treat, J. R., Tumbas, N. S., McDonald, S. T., Shinar, D., Hume, R. D., Mayer, R. E. et al. (1979). *Tri-Level Study of the Causes of Traffic Accidents: Final Report. Volume I: Casual Factor Tabulations and Assessments.* Washington, USA: Institute for Research in Public Safety Indiana University.

Trick, L. M. & Pylyshyn, Z. W. (1994). Why are Small and Large Numbers Enumerated Differently? A Limited-Capacity Preattentive Stage in Vision. *Psychological Review, 101* (1), 80–102.

Uddin, L. Q. (2017). *Salience Network of the Human Brain.* San Diego, USA: Academic Press Inc.

Ukai, K. & Howarth, P. A. (2008). Visual Fatigue Caused by Viewing Stereoscopic Motion Images: Background, Theories, and Observations. *Displays, 29* (2), 106–116.

Van Beurden, M. H. P. H., van Hoey, G., Hatzakis, H. & Ijsselsteijn, W. A. (2009). Stereoscopic Displays in Medical Domains: a Review of Perception and Performance Effects. In B. E. Rogowitz & T. N. Pappas (Hrsg.), *Human Vision and Electronic Imaging XIV* (Proceedings SPIE, Bd. 7240, S. 1–15). Bellingham, USA: SPIE.

Van der Laan, J. D., Heino, A. & de Waard, D. (1997). A Simple Procedure for the Assessment of Acceptance of Advanced Transport Telematics. *Transportation Research Part C: Emerging Technologies, 5* (1), 1–10.

Van Zanten, A. & Kost, F. (2015). Bremsenbasierte Assistenzfunktionen. In H. Winner, S. Hakuli, F. Lotz & C. Singer (Hrsg.), *Handbuch Fahrerassistenzsysteme. Grundlagen, Komponenten und Systeme für aktive Sicherheit und Komfort* (ATZ/MTZ-Fachbuch, 3. Auflage, S. 723–753). Springer Vieweg.

VDA. (2015). *Automatisierung. Von Fahrerassistenzsystemen zum automatisierten Fahren* (Verband der Automobilindustrie e. V., Hrsg.). Berlin: VDA. Zugriff am 16.10.2017. Verfügbar unter https://www.vda.de/de/services/Publikationen/automatisierung.html

Vollrath, M., Huemer, A. K., Hummel, T. & Pion, O. (2015). *Ablenkung durch Informations- und Kommunikationssysteme* (Forschungsbericht / Gesamtverband der Deutschen Versicherungswirtschaft e.V., Bd. 26). Berlin: GDV.

Vollrath, M. & Totzke, I. (2003). Möglichkeiten der Nutzung unterschiedlicher Ressourcen für die Fahrer-Fahrzeug-Interaktion. In *Der Fahrer im 21. Jahrhundert. Anforderungen,*

*Anwendungen, Aspekte für Mensch-Maschine-Systeme* (VDI-Berichte, Bd. 1768, S. 47–58). Düsseldorf: VDI Verlag GmbH.

Von Lowtzow, D., Müller, J. C. & Zank, A. (Komponisten), Tocotronic (Interpret). (2010) Im Zweifel für den Zweifel. In *Schall & Wahn*. Hamburg: Hanseatic Musikverlag GmbH & Co. KG.

Weidner, F. & Broll, W. (2017). Establishing Design Parameters for Large Stereoscopic 3D Dashboards. In S. Boll & A. Löcken (Hrsg.), *Proceedings* (S. 212–216). New York, USA: ACM.

Wickens, C. D., Gordon, S. E. & Liu, Y. (1997). *An Introduction to Human Factors Engineering* (2nd edition). Reading, USA: Pearson.

Wickens, C. D. & Hollands, J. G. (2010). *Engineering psychology and human performance* (3rd ed.). Upper Saddle River, N.J.: Prentice Hall; Pearson Education [distributor].

Wierwille, W. W. (1993). Demands on driver resources associated with introducing advanced technology into the vehicle. *Transportation Research Part C: Emerging Technologies, 1* (2), 133–142.

Wilhelm, U., Ebel, S. & Weitzel, A. (2015). Funktionale Sicherheit und ISO 26262. In H. Winner, S. Hakuli, F. Lotz & C. Singer (Hrsg.), *Handbuch Fahrerassistenzsysteme. Grundlagen, Komponenten und Systeme für aktive Sicherheit und Komfort* (ATZ/MTZ-Fachbuch, 3. Auflage, S. 85–103). Springer Vieweg.

Winner, H., Hakuli, S., Lotz, F. & Singer, C. (Hrsg.). (2015). *Handbuch Fahrerassistenzsysteme. Grundlagen, Komponenten und Systeme für aktive Sicherheit und Komfort* (ATZ/MTZ-Fachbuch, 3. Auflage): Springer Vieweg.

Winner, H. & Schopper, M. (2015). Adaptive Cruise Control. In H. Winner, S. Hakuli, F. Lotz & C. Singer (Hrsg.), *Handbuch Fahrerassistenzsysteme. Grundlagen, Komponenten und Systeme für aktive Sicherheit und Komfort* (ATZ/MTZ-Fachbuch, 3. Auflage, S. 851–891). Springer Vieweg.

Wolfe, J. M. (2000). Visual Attention. In De Valois, K. K. (Hrsg.), *Seeing* (Handbook of Perception and Cognition, 2. Auflage, S. 335–386). San Diego, USA: Academic Press.

Wöpking, M. (1995). Viewing Comfort with Stereoscopic Pictures: An Experimental Study on the Subjective Effects of Disparity Magnitude and Depth of Focus. *Journal of the Society for Information Display, 3* (3), 101.

Yano, S., Emoto, M. & Mitsuhashi, T. (2004). Two Factors in Visual Fatigue Caused by Stereoscopic HDTV Images. *Displays, 25* (4), 141–150.

Yeh, Y. Y. & Silverstein, L. D. (1990). Limits of Fusion and Depth Judgment in Stereoscopic Color Displays. *Human factors, 32* (1), 45–60.

Zaroff, C. M., Knutelska, M. & Frumkes, T. E. (2003). Variation in Stereoacuity: Normative Description, Fixation Disparity, and the Roles of Aging and Gender. *Investigative Opthalmology & Visual Science, 44* (2), 891.

Zöller, I. M. (2015). *Analyse des Einflusses ausgewählter Gestaltungsparameter einer Fahrsimulation auf die Fahrerverhaltensvalidität.* Dissertation, Technische Universität Darmstadt. Darmstadt. Verfügbar unter urn:nbn:de:tuda-tuprints-46089

Printed in the United States
By Bookmasters